伦理与生活

刘　英　主编

中国环境出版集团·北京

图书在版编目（CIP）数据

伦理与生活/刘英主编. —北京：中国环境出版集团，2023.10

ISBN 978-7-5111-5648-8

Ⅰ. ①伦…　Ⅱ. ①刘…　Ⅲ. ①伦理学—通俗读物　Ⅳ. ①B82-49

中国国家版本馆 CIP 数据核字（2023）第 188953 号

出 版 人　武德凯
责任编辑　张　颖
封面设计　宋　瑞

出版发行　中国环境出版集团
（100062　北京市东城区广渠门内大街 16 号）
网　　址：http://www.cesp.com.cn
电子邮箱：bjgl@cesp.com.cn
联系电话：010-67112765（编辑管理部）
发行热线：010-67125803，010-67113405（传真）
印　　刷　北京盛通印刷股份有限公司
经　　销　各地新华书店
版　　次　2023 年 10 月第 1 版
印　　次　2023 年 10 月第 1 次印刷
开　　本　787×960　1/16
印　　张　10.75
字　　数　180 千字
定　　价　33.00 元

编委会名单

主　编

刘　英

编　委

（按姓氏笔画排序）

王中碧　王泽霞　王海容

刘伟明　米　娜　陈　晟

序

《周易》有云："文明以止，人文也。观乎天文，以察时变；观乎人文，以化成天下。"

自然科学往往强调"是什么"这一客观陈述，而人文科学则注重"应当是什么"的价值内涵。

伦理学是什么？通过伦理学的学习我想获得什么？我为什么会关注伦理学？什么才是好的生活？什么能使生活变得更好？在进入课程之前，我们会有诸多的疑问有待得到解答。我们是谁？我们该如何完善自我？我们内心的道德遵循应该是什么？……这些问题，自古以来就吸引着人们，也困惑着人们，以至于人们思索这些问题时，不免辗转反侧。另外，人们往往也会不断反省和洞察诸如"道德""利益""善恶""幸福"等词语的深层内涵，思考自己能否认知内心深处的情感判断和价值判断，能否把握住"人"的无限丰富的内心世界。

我们常说兴趣是最好的老师，对知识保持单纯的好奇心，并愿意通过学习去解决思想的困惑，这种精神弥足珍贵，是保持心灵年轻的秘诀，也是通往幸福之路的方法。希望这本书的阅读者也能带着对伦理学的无限兴趣和探索之心，选修我们的通识教育课程——伦理与生活。

伦理学是一门古老的学问，也是一个古老的学科，与人和人类生活紧密地关联在一起。伦理学将带我们一起探讨对与错的根源，是与非的界限，善与恶的分殊。而对伦理的探讨、学习，将有助于我们进一步认识与把握社会关系，有助于我们确立正确的世界观、人生观和价值观，有助于对道德原则和道德规范的批判性把握，有助于提高个人在道德生活中的识别能力和判断能力，还将有助于改善自己的道德人格。

伦理学通过阐明“好人、好社会、好生活”的本质和人类在社会生活中的义务，告知人们应当怎样选择生活。伦理学属于哲学的分支学科，总体上以道德为研究核心，是研究道德的学问，也被称为道德哲学。人类社会的一切道德现象都是伦理学的研究对象，道德与利益、善与恶、善与正当、义务与目的、利己与利他、德性与幸福、善与至善，这些都在伦理学的研究范畴之内。伦理学或者说道德哲学这一领域的著作浩如烟海，至今没有一本书能够涵盖所有。因此，本书也只能从通识教育的维度勾勒伦理学的八个专题轮廓。

本书的第一章对伦理学进行了导论。阐释了伦理学是什么、伦理学的几大问题以及如何用伦理学指引美好生活等内容。第二章介绍了科技伦理。科技发展一直与道德问题形影相随。科技伦理为什么如此值得我们关注？它究竟给人类带来了什么？本章对科技伦理涉及的主要问题进行了分析。第三章介绍了医学伦理。阐释了医学及医学伦理的特殊性、医学伦理的沿革及基本原则、现实生活中的医学伦理冲突等内容。第四章介绍了生态伦理。阐释了生态伦理学是什么、我国生态伦理思想是什么以及我们要如何树立正确的生态文明理念等内容。第五章介绍了法治伦理。包含法治伦理概念、法治与伦理的关系等内容，并通过案例分析进一步论述法治伦理。第六章主要介绍媒介伦理。阐释传播媒介中的真相与社会正义、媒体广告中的说服与诱导等内容。第七章介绍了经济伦理。阐释了经济伦理的概念、主要理论及现代经济伦理的价值旨向等内容。第八章介绍了科学研究伦理。阐释了科学研究与伦理、科学研究中的伦理及科学研究伦理的区域差异等内容。

本书以通识教育的视野对伦理学进行多维度阐释，特别是对伦理在生活中的反思与运用、伦理与生活的关系等问题的阐释。每章的内容虽各有侧重，但仍存有若干共同特点：

一是都具有鲜明的问题导向。本书或立足当前现实生活的困惑，或面向未来发展有可能涉及的伦理问题。二是体现了通识教育的系统性。本书每章都有对伦理学分支理论的阐述，避免孤立地、单向度地对具体问题进行割裂式分析。三是都体现了社会科学的反思性。对当今世界的现状及生活中的伦理问题进行反省式剖析，并试图将目光聚焦于未来发展，最终引导学生无限趋向真善美。

伦理学引导人们从道德的角度“认识你自己”，在道德实践中做到

“凡事勿过度”。学习伦理学让我们在生活中面对道德抉择时，能更加明确怎样做才能成为一个更具理性和道德的人，从而选择更好、更美的生活。

“位我上者，灿烂星空；道德律令，在我心中。”

是为序。

目录

伦理学是什么？当我们问起这个问题的时候，不妨再深问一下自己：为什么这个问题会出现在我们心里？这样深层次的追问既是哲学家常用的自我反省的方式，也是基于知识、兴趣与现实情况叠加后的深思。

为了更完整而清晰地回答上述问题，本书的叙述将始终关注以下两个方面：一方面注重分析现实中的道德问题和伦理困惑；另一方面聚焦伦理学概念、观点、原则、方法进行阐述。整体叙述都将在问题、个案、概念解读、理论延伸之间不断切换，试图更为清晰、详尽地分析伦理与生活。

第一章 伦理学导论

伦理学是哲学中对人类价值和行为的理论研究，与一切哲学学科一样，充满矛盾和争议。作为通识教育的伦理学读本，我们旨在向初学者介绍伦理在生活中的运用，为那些对伦理问题感兴趣，并在解决此类思想困惑时需要指导的人所写。本章是导论部分，目的是勾勒出伦理学的大体轮廓，更多的是为那些希望了解伦理思想的读者提供启示、角度和方法，回答什么是“好人、好社会、好生活”？什么是生活的智慧？应然与实然之间的关系是什么？……诸如此类的问题。

第一节 伦理学是什么

当我们打开《伦理与生活》这本书，并走进这个课堂时，我们脑海中或多或少会带着这样的问题：伦理学究竟是研究什么的？可以用来做什么？是提供一种全面的美好生活方式，还是重点解决行为规范问题？是告知我们快乐和幸福如何取得，还是界定什么才算是美好的社会与生活？

每个人对伦理道德问题或多或少会有一定的兴趣，对如何明辨是非，究竟孰对孰错等问题有自己的看法，也都力争使自己的人生值得度过。特别是在价值观越发多元化的今日，人们的行为举止已很难用统一的道德标准加以衡量。事实上，人们在生活中对道德问题或对伦理学问题开始思考并且反省时，也就直接或者间接地促进了伦理学的发展。

一、伦理学的概念界定

伦理学是关于道德的科学，又称道德学、道德哲学。伦理学是整个马克思主义理论体系中的一个重要组成部分，是一门以道德为研究对象的独立的科学。伦理学不仅告诉我们怎样做才能拥有好的生活，还将告知我们什么是义务，我们必须做什么。

在日常生活中，我们往往不会仔细体会和区分伦理和道德之间的微妙差别。事实上，我们会讲某个人是“有道德的人”，或者说这个人“有道德”，但我们不会说这个人是个“有伦理的人”。同样地，我们说“伦理学”这个词，而较少用“道德学”。所以，我们会发现，道德更多的是用于人，更偏向主观、主体、个人、个体；而伦理则带有客观、客体、社会、团体的意味。

在西方，伦理学一词源自希腊文，意为风俗、习惯、性格等。古希腊的苏格拉底“美德即知识”的著名论断，在西方伦理学史上首次描绘了伦理学的科学形象。而古希腊哲学家亚里士多德则最先赋予伦理和德行含义。作为伦理学这一学科的奠基人，亚里士多德所著的《尼各马可伦理学》是西方最早的伦理学专著。该书对善、德性、生活方式等问题进行探讨，得出“人的善就是灵魂合乎德性的活动，如果有许多的德性，那么就是灵魂合乎最杰出、最完善的德性的活动”“如果对于所有行为一般地存在一个共同目标的话，那么这个目标就是通过行动可以达到的善”“但最高的善必定是一个终极目标和某种完善的东西。所以，如果只有一个现实的终极目标，这个目标就是所追求的善”等诸多论述。在这本书中，亚里士多德将善分为三种：外在的善、身体的善和灵魂的善，并称灵魂的善是真正的、最卓越意义上的善。

中国古代的伦理思想历史悠久、内容丰富、独具特色，在人类文化史上占有重要的地位。例如，在中国古代典籍论著中，就存在大量人性、人伦、伦常、道、自省、长幼尊卑等涉及伦理方方面面的内容，并有了关于伦理关系的君君臣臣、三纲五常等约束与规定。伦理在我国古代有两种含义：一则为事务的条理；另一则为人伦道德之理，指人与人相处的各种道德准则，如五伦“君臣、父子、兄弟、夫妻、朋友”，八德“孝、悌、忠、信、礼、义、廉、耻”等。

现在，让我们站在汉语语境下，对“伦理”和“道德”来做一些语义学和词源学上的区分。中国古代著名的典籍《说文解字》提出：“伦，从人，辈也，明道也；理，从玉，治玉也。”伦在概念上是从人的，即伦理是人的伦理。人伦之理是伦理的根本，是它的本质所在。“伦”更强调一种类别，一种辈分，强调它在社会生活中的位置。所以，“伦”字实际上指出了为什么说伦理学与人、人的生活是紧密相关的。“理”本义是治玉，即把玉从石中加工出来。玉石坚硬而有一定的纹路，顺着纹路加工就容易把玉从石中雕琢出来，所以，“理”引申为纹理，又引申为条理、情理、道理、规律等意义。从词源的角度来看，“理”具有治玉、条理、道理、治理的意义，引申为规律、法则、行为规则。可见 “理”在中国古代与很重要的物质玉紧密相关。玉是温润之物、珍贵之物，是经雕琢之物。理和玉一样需要在社会生活中不断地理解、修正，在获得理的过程中不断地领会理，就像治玉一样去追求理。因此，在汉语中伦理常常指的是人与人的关系和处理这些关系的规则。

综上可知，伦理学是关于道德的起源、发展，规定人的行为准则，是处理人与人、人与社会之间相互关系的学说。伦理学论述的是人们应当怎样生活，阐明好人及好生活的本性。“伦理”的概念实际上需从三个层面上进行理解：

首先，是在处理人与人、人与社会以及人与自然界的相互关系时应该遵循的道理和准则；其次，它指的是一系列指导行为的观念，是从概念的角度对道德现象的哲学思考，不仅包含传统伦理学意义上谈到的人与人、人与社会，以及十九世纪以后出现的环境伦理学中强调的人与自然界关系处理中的行为规范，而且蕴含着依照一定的规则来规范行为的深刻道理；最后，它指的是我国古代儒家伦理学当中着重强调的做人的道理，是社会中的人在相互交往时需符合一定道德标准的行为准则。

二、伦理学的研究对象

作为一门古老的、有着悠久历史的科学，一般来说，伦理学是一门关于道德的科学，或者说，伦理学是以道德现象为研究对象的科学。这里的道德现象包括道德意识现象（如个人的道德情感等）、道德活动现象（如道德行为等），以及道德规范现象等。道德现象是我们生活中真实存在的现象，稍加用心便会在日常生活中观察、感受、体会到这一现象。甚至我们就是其中的当事人，欲避无力、欲罢不能。研究道德是为了在社会生活中不断完善自身、完善他人和完善社会。

作为通识教育的伦理学将道德的本质、起源和发展，道德的最高原则，道德评价标准，道德规范体系，道德教育，道德与生活态度等与人们息息相关的问题作为研究对象，其核心问题是道德与利益，个人利益与整体利益的关系问题。

在中国，人们对道德的思考可以追溯到三千多年前的商朝。已出土的商朝时期的甲骨文中已经有了“德”字。但在当时，“德”的意义比较广泛，似乎还没从意识形态中分离出来。西周大盂鼎铭文中的“德”字，是按礼法行事有所得的意思。东汉时期，刘熙对“德”的解释是“德者，得也，得事宜也”，认为“德”就是把人和人之间的关系处理得当，使自己和他人都有所得。同时期的许慎在《说文解字》中解释，“德，外得于人，内得于己也”。可见，中国古人对道德的思考更为关注的是人与人之间的道德关系。

柏拉图在《理想国》中描述，年迈之人在面对死亡时会产生前所未有的恐惧和忧思，源于对自己一生行为处事于他者是否有利的判断和追问，同时是对自我的道德反省。至于更高层面的反省，我们则可以从苏格拉底的一句名言中得知：“未经反省的人生不值得过。”由此可知，道德及道德追问是人类向善向好的不竭动力。

三、伦理学的性质与关联

伦理学，顾名思义，就是研究伦理的学问，或者是研究“人伦之理”“做人的道理”的学问。作为人文社会科学的重要组成部分，伦理学还可以理解为关于人与人、人与社会、人与自然关系的学问，它关乎人们行为品质的善恶正邪，乃至人的生命意义。人们对于涉及善恶正邪、是非曲直的行为，经过长期的哲学式反思，形成了比较系统、固定的概念，并在这些概念之间构建系统的知识体系，最后形成了比较完善的伦理学。

西方伦理学从公元前五世纪到公元前四世纪的古希腊开始，历经苏格拉底、柏拉图、亚里士多德三人的不断推演。他们的思想由仰望星空、俯视大地的哲学思辨，转向关注人类本身；由自然转向社会；由关注世界是怎样来的，转向关心人应该往哪里去，即人应该追求什么样的生活、选择什么样的目标、用什么作为价值判断依据、拥有什么样的德性，以及对于社会而言的制度的选择。从苏格拉底的“知识即德行”到柏拉图在《理想国》中的灵魂拷问“一个人应当怎样度过自己的一生”“一个正义的人是否也能是一个幸福的人”，再到亚里士多德的伦理学三大著作《尼各马可伦理学》《欧台谟伦理学》《大伦理学》，提出“善”和“幸福”，得出“幸福是最高的善”。总之，在西方古典伦理学中，正当和善是紧密联系在一起的，并以德性、至善为中心。

而西方现代伦理学则以行为规则、正当、正义为中心。康德、罗尔斯、哈贝马斯、诺齐克等对道德的探讨也推动着伦理学的发展进程。在近代西方思想史上，洛克、斯密、休谟、斯宾诺莎、卢梭、黑格尔、杜威、罗素等为伦理学的深化拓展做出了突出贡献。而叔本华、尼采、萨特和福科等也让我们更为清晰地看到现代道德的困境、现代道德行为与传统道德的断裂。此外，还有边沁、密尔、西季威克等确立的功利主义伦理学体系对现代社会生活产生了深远影响。

基于此，伦理学研究可以分为以下几个指向：主要从语言和逻辑的角度，以分析的方法研究伦理的理论是元伦理学；研究伦理学规范的来源、内容，并且旨在影响人们生活和行为的理论是规范伦理学，从规范伦理学中又可以分出应用伦理学。规范伦理学曾是传统伦理学的主流，但近年来也遭受到元伦理学、相对主义的严重挑战。因此，伦理学可以分为规范伦理学和非规范伦理学。规范伦理学包含一般的规范伦理学原理和应用伦理学，非规范伦理学包含描述伦理学和元伦理学。

第二节　伦理学的几大问题

人们在评判一个人的行为或品质时，总是隐蔽地或公开地根据某些在他们心中已经确立的善之标准，即善的既定价值。因此，人们在探讨善恶时，也总是自觉或不自觉地试图以自己的善恶标准影响他人的行为。人们研究价值或至善的目的则在于使人们拥有一种理想的道德品质，同时用至善这一目标去影响和规范行为。为达到善，甚至是至善这一终极目标，就需要区分伦理学普遍意义上的几组关系。

一、道德与利益

伦理学要解决的问题既多又复杂，但基本问题只有一个，即道德和利益的关系，也可以说是义与利的关系这一基本问题。

这一关系包括两个方面：一方面是经济利益和道德的关系问题，即两者谁决定谁，以及道德对经济有无反作用的问题；另一方面是个人利益与社会整体利益的关系问题，即两者谁从属于谁的问题。对这一基本问题的不同回答，不仅决定着各种道德体系的原则和规范，也决定着各种道德活动的评判标准和取向。

在我国，从先秦时期的"义利之辩"，到宋明时期的"理欲之辩"，都是关于道德最高原则的争辩。各家各派都通过不同论述确立了基本的义利观，如儒家强调"义"重于"利"，把仁义看作最高的道德原则，并以此为核心建立了一套完整的规范体系；墨家主张"兼爱""交利"，强调"义利并重"；法家强调赏罚，注重耕战，重利贱义；道家宣扬无为、尚朴，主张超脱一切义利。

在马克思主义伦理学产生以前，对于道德如何调整个人利益和社会整体利益的矛盾问题，也存在几种对立的理解：一种理论强调个人的享乐，强调满足个人的物质欲望，认为幸福就是道德，并把道德同人的感官快乐和个人利益等同起来，忽视或否认社会整体利益；另一种理论则强调社会、国家或整体的利益，提倡为社会、为国家、为整体尽自己应尽的义务。当然，还有一种理解，即合理利己主义的观点，主张在满足个人利益的基础上满足大多数人的利益。这种主张的核心仍是把个人利益置于社会整体利益之上，认为个人利益是唯一现实的基础。

在社会生活中，人们的利益关系是随着历史而发展变化的。在道德与利益的关系问题上，不能一概认为凡是强调利益决定道德的思想就是进步的，反之就是退步的。同样，也不能简单地认为凡是强调阶级的、整体的、社会的利益高于个人利益的思想都是进步的，反之就是退步的。只有在实现了无产阶级专政，生产资料公有制和社会整体利益均实现的情况下，一切主张集体的和整个社会的利益高于个人利益的思想，才是进步的；一切主张个人利益高于社会整体利益，把个人利益置于社会整体利益之上的思想，才是落后的。

随着社会主义市场经济建设所带来的人民群众日常生活条件的空前改善，逐渐在集体利益之下认可了个人权益的正当性与合理性，确立起了与社会主义市场经济建设相适应的义利统一观，但也明确提出反对极端个人主义的看法。我国伦理学界强调社会主义义利观，即把国家和人民利益放在首位的同时又充分尊重公民个人合法利益的伦理价值观，反映了社会主义物质文明建设和精神文明建设的内在要求。

二、善与恶

善与恶是伦理学的基本范畴，伦理学就是善恶之学。

把善恶问题作为伦理学基本问题，主要基于以下原因：第一，善与恶是道德中的特有矛盾，是道德为之道德的根本原因，而道德又是伦理学的研究对象。伦理学研究对象的这一根本特征，决定了善与恶的问题是伦理学的基本问题。第二，善与恶的问题是古今中外一切伦理学家和伦理派别普遍关注和研究的重大课题。第三，善与恶的矛盾是道德发展的动力，人类社会的道德发展史就是一部善与恶的斗争史。第四，善与恶的矛盾贯穿人类道德活动的一切领域，贯穿道德活动的始终。第五，善与恶是伦理学的核心范畴。

那么，什么是善？如果说人们可以认识至善，那么，这种善的本质又是什么？所谓善恶，即好坏。道德的最终目的是增进全社会和每个人的利益。道德善是伦理行为事实对于道德目的的最终效用，因而只能通过道德目的和道德标准从行为事实的客观本性中产生和推导出来。道德善等于伦理行为事实与道德目的相符；道德恶等于伦理行为事实与道德目的相违。而伦理行为是受利害意识支配的行为。因而，可以抽象地概括为“利他（它）”与“利己”，“害他（它）”与“害己”四种。这些是伦理行为最为抽象的类型，也是伦理学研究的最为抽象的人性类型。

一般而言，利他（它）行为包括三种复合行为：增进社会利益、增进他人利益、增进非人类存在物的利益。因此，利己与利他（它）实为四种行为：利社会、利他人、利自己、利非人类存在物。同理，害他（它）与害己行为亦反之。利社会、利他人和利自己的行为显然符合道德的终极标准，即增进全社会和每个人的利益，因而是善的；利动植物等非人类存在物，则符合增进动植物等非人类存在物利益的标准，因而也是善的。害社会、害他人、害自己和害动植物等非人类存在物，就是恶的。同时，善恶的高低大小等级也有所不同，其排序为，利害他人的善恶价值高且大于利害自己的善恶价值；利害社会的善恶价值高且大于利害他人的善恶价值。独自存在的个人活动不需要道德，因而也不会产生道德，道德是社会需要的产物。

一些伦理学家注意到善或至善同社会物质生活条件的关系，重视并强调道德与利益、道德与幸福的关系。而另一些伦理学家则是从上帝的意志、先验理性和人的主观意识中寻找善的来源和本质，否认道德与社会物质生活条件的关系，表现出彻底的唯心主义倾向，是不可取的。

三、善与正当

什么样的行为是正当的？什么样的品性才是符合道德的？在评价人们的行为和品性时，应以什么为标准？怎样的训练和教育能使人们的品性合乎道德？是否可以依据利益优先的原则行事，只注重个人的欲望满足，甚至可以为了私人的利益毫不顾忌他人？究竟何种行为才能算是善，以善为名的行为起点和行为终极是否就一定正当？以善的名义是否就一定得出善的结果？

古希腊伦理学者往往主张善优先，现代伦理学家则倾向于主张正当优先，后果主义和义务论也都主张正当优先于善。善与正当在西季威克的《伦理学方法》中被认为是伦理学的另一对基本范畴。西季威克把直觉主义和功利主义结合起来，又把功利主义和利己主义结合起来，创立了直觉合理功利主义。他认为有三个靠直觉的自明原则：公正（自己认为正当，他人也认为正当）；仁爱（图他人之善如同图自己之善）；判断理智（兼顾目前之善和将来之善）。通过它们可以达到最大多数人的最大幸福的功利主义目的。在他的论述中将“善”的概念既作为“手段善”，也作为“目的善”来理解，认为善是人们行为的目标与终极追求，即“整体的终极善”。

功利论认为，一种行为的正当性和善，只能从行为产生的后果及效果中确定。这种效果的表现形式是“快乐”或“幸福”，即一种行为的正当性和善在于它能为人们带来快乐和幸福。康德注意到这种道德观的理论困难和社会危害，对这种幸福和快乐论进行了批判。指出如果把“幸福”理解成个人物质欲望的满足，则快乐论的道德原则马上陷入荒谬，不但是不道德的，而且是反道德的。康德曾明确指出：道德法则“先天地和直接地决定意志并且首先按照这个意志决定对象”，认为道德法则所阐明的行为正当性优先于行为本身的善性。

后期的罗尔斯在《正义论》里提出了顺承康德的“正当优先于善”的理论模式。罗尔斯所提出的正义原则包含最大的平等基本自由原则、公平的机会平等原则，以及差异原则三种。其中，最大的平等基本自由原则保障所有的公民都具有平等的基本自由和权利。基于此，罗尔斯认为“正当优先于善”。

具体来说，作为公平的正义理论会对什么样的欲求与满足是正当的进行限定，对什么是合理的“善”做出规定。正当决定着一种行为、一种品质或一种意志是否是善的，表明的是一种责任、一种对行为的要求与束缚。而“好”和“正当”则是各自独立的，不能将两者混淆起来。“好”的并不必然是“正当”的；反过来，“正当”的也不一定就是“好”的。这是因为，行为是否“好”，能否带来好处，主要依赖于该行为的目的、动机及结果是否“好”。而“正当”则不如此，一个行为的“正当”取决于行为本身是否正当，而不是动机或者结果是否正当。正当原则的优先性要求人们在制订自己的理性生活计划，或追求自己的善之观念时，要将正当原则所施加的限制预先考虑在内。

四、权利与义务

权利一般是指法律赋予人实现利益的一种力量，是法律赋予权利主体作为或不作为的许可、认定及保障。义务则是为他人或社会做自己应当做的事。虽然个人在社会生活中，需要履行各种义务，包括政治义务、经济义务、法律义务、道德义务等。但一般对伦理学而言的义务主要指道德义务，是指在社会生活中，道德主体应担负的一种道德责任和使命。如果从社会契约论的观点来看，道德矛盾可以归结为权利与义务的矛盾。任何只讲权利不讲义务的，或者只讲义务不讲权利的都是恶，权利与义务相协调、相统一的才是善。道德规范和其他社会规范一样，都是对主体人的权利和义务的规定。这里有两个层次的问题需要讨论。

首先，道德规范对权利和义务的规定是否恰当，这本身就有一个善恶的区分；其次，人们能否理解并履行这种权利和义务，无疑也会形成善恶的分野。后者问题明显可以归结为道德规范与意志自由的矛盾，前者则涉及国家道德和社会公正。

例如，构成医学伦理准则体系主要有权利和义务、良心与荣誉、情感与理智、胆识与审慎。明确医务人员和患者双方各自应当具有的权利和承担的义务。医务人员的权利包括：①医疗诊治权；②设备使用权；③科学研究权；④继续教育权；⑤人身安全权；⑥经济待遇权；⑦民主管理权。但医务人员也须承担以下义务：①遵守法律法规及技术操作规范的义务；②如实记载和妥善保管病例的义务；③如实告知和说明义务；④抢救及转诊的义务；⑤保护病人隐私的义务。

五、善与至善

人有两种明显区别于其他动物的能力：一种是形成“善”的观念的能力，即能够区分好坏；另一种是形成“正义感”的能力，能够区分正邪。这两种能力是构成道德人格的基础。第一种能力保障人能够有目的、有意识地形成持久且合理的生活方式，并能为此而努力。第二种能力保障了人能正确地调整相互之间的关系。

关于善或至善的研究，西方伦理学界也称为善论或道德价值论。对什么是至善，不同的伦理学派和伦理学家的回答各不相同。有的伦理学家把知识或智慧作为至善，有的把幸福作为至善，有的把仁爱作为至善，有的把荣誉、权力作为至善，有的以自我实现为至善等。总体而言，“幸福”“至善”都是用来表示个人或社会追求的总目标。

亚里士多德是传统完善论伦理学的主要代表人物和系统阐述者，人们有时也把他的伦理学理论称为“至善论”“自我实现论”和“精力论”。亚里士多德认为，人的一切活动、计划都以某种善的事物为目的。如前文所述，亚里士多德认为善可以分为外在的善、灵魂的善和身体的善三种。其中灵魂的善是主要的、最高的善，是作为最后目的或者目的本身的善，也就是至善或者善自身。亚里士多德将幸福定义为合乎德性的实现活动，也就是说，合乎德性的实现活动才是幸福的主导。在亚里士多德看来，幸福即是合乎德性的至善，也就是幸福在于善行，有善德者才有真乐。

乔治·爱德华·摩尔在《伦理学原理》中提出善所意味的东西是伦理学所特有的唯一单纯的思想对象。因此，定义善对于定义伦理学来说至关重要。作为一门系统科学，伦理学的主要任务是给出认为这个是善，那个不是善的正确理由。

然而，摩尔又认为善是不可定义的。随着时代发展，“善”的概念越发不易定论。现代社会对各种“善”或“好”的观念的理解极具分歧，至于“至善”则更难下断语。但无论如何，人类向善的心并不会泯灭，善的理想依然是引领人类奋斗和努力的灯塔。

第三节　如何用伦理学指引美好生活

伦理学涉及生活的方方面面，伦理学在不断追问和反思生活中应该如何行动、如何选择时，同样也在启迪我们寻找生活的意义、活着的意义。

康德说：“有两样东西，我们越经常持久地加以思索，它们就越使心灵充满日新又新、有加无已的景仰和敬畏：在我之上的星空和居我心中的道德法则。”对此，康德曾解释道，人只有在仰望星空时，才能感悟到自己在浩瀚宇宙中渺小无比，但当反观内心世界时，又会因为其所遵循的道德法则而使自己区别于世间万物，并彰显出人之为人的崇高伟大。

伦理学从人类社会到浩瀚宇宙，从自律到他律，从道德反思到行为规则，不断探索提高道德水准、改变社会道德风尚的有效路径，至今未休。时至今日这一伟大的时代，丰富的生活，深刻的变革，理应有充满活力的伦理学理论来指引更好、更善、更美的生活。

一、运用社会主义核心价值观引领生活中的伦理指向

首先，价值观是表现文化最本质、最具有决定性的要素，核心价值观是文化软实力的灵魂、文化软实力建设的重点。人类社会发展的历史表明，对一个民族、一个国家来说，最持久、最深层的力量是全社会共同认可的核心价值观。核心价值观承载着一个民族、一个国家的精神追求，体现着一个社会评判是非曲直的价值标准。社会主义核心价值观是社会主义核心价值体系的内核，体现社会主义核心价值体系的根本性质和基本特征，反映社会主义核心价值体系的丰富内涵和实践要求，是社会主义核心价值体系的高度凝练和集中表达。面对世界范围思想文化交流交融交锋形势下价值观较量的新态势，面对改革开放和发展社会主义市场经济条件下思想意识多元多样多变的新特点，迫切需要我们积极培育和践行

社会主义核心价值观，扩大主流价值观念的影响力，提高国家文化软实力。

其次，社会主义核心价值观凝结着中华优秀传统文化、革命文化和社会主义先进文化的精髓，对中国特色社会主义文化建设具有引领和凝聚作用。中国特色社会主义制度是社会主义核心价值观发挥作用的重要保障。制度具有文化属性，体现一定的价值观，既有褒扬、约束、规范和惩罚功能，又有引导、塑造人的价值的功能。当下个人主义、自由主义、拜金主义等思潮不断浸染和影响着我国的思想领域。如果没有主旨明确、旗帜鲜明的社会价值体系进行正确导向，就会阻碍和妨害中国特色社会主义建设的各项事业。面对世界范围思想文化交流交融交锋形势下价值观较量的新态势，面对改革开放和发展社会主义市场经济条件下思想意识多元多样多变的新特点，积极培育和践行社会主义核心价值观，对于巩固马克思主义在意识形态领域的指导地位、巩固全党全国人民团结奋斗的共同思想基础，对于促进人的全面发展、引领社会全面进步，对于集聚全面建成小康社会、实现中华民族伟大复兴中国梦的强大正能量，具有重要现实意义和深远历史意义。

再次，培育和弘扬社会主义核心价值观，有效整合社会意识，是社会系统得以正常运转、社会秩序得以有效维护的重要途径，也是国家治理体系和治理能力的重要方面。社会主义核心价值体系是一个把历史观与认识论、价值论、实践论相结合，体现中国特色社会主义思想价值、社会价值、民族价值、时代价值的完整而统一的文化价值体系，其价值要求贯穿公民道德建设各个方面，即以主流价值构建道德规范、强化道德认同、指引道德实践，引导人们明大德、守公德、严私德。

最后，社会主义核心价值观坚持将提升道德认知与推动道德实践相结合。尊重人民群众的主体地位，激发人们形成善良的道德意愿、道德情感，培育正确的道德判断和道德责任，提高道德自觉实践能力，引导人们向往和追求“讲道德、尊道德、守道德”的生活。运用社会主义核心价值观进行正确引领，将推进中国精神、中国价值、中国力量构筑，促进全体人民在思想上、精神上紧紧团结在一起。发展起来的当代中国，更加向往美好的精神生活，更加需要强大的价值支撑。要振奋起人们的精气神、增强全民族的精神纽带，必须积极培育和践行社会主义核心价值观，铸就自立于世界民族之林的中国精神。

二、在道德与利益这一伦理的核心冲突中遵循道德底线，合理取舍

道德现实是伦理学的“源头活水”，对道德现实问题的关切是伦理学得以被社会接纳的前提。中国特色社会主义进入新时代，人民群众追求和实现美好生活的愿望更加强烈，带领人民创造美好生活，是中国共产党矢志不渝的奋斗目标。人有物质需求，更有精神需求。人的幸福感在物质满足的基础上，会更加关注精神需求的满足，而有道德的生活是满足精神需求的最佳途径之一。一般而言，道德是人的精神家园，利益是人的物质保障。二者并非不可兼得，只是需要权衡利弊而行，需懂得遵循道德底线，更要懂得取舍。

对道德底线的遵循，其根本就是需要厘清道德与法律的关系。自人类进入文明社会以来，任何社会在建立与维持秩序时，都不能不借助道德约束与法律规范，两者相辅相成、相互促益、相互推动。虽然道德与法律都是对人的要求，但一个是柔性约束规范，另一个则是由国家制定或认可并以国家强制力保证实施的，反映由特定物质生活条件所决定的统治阶级意志的规范体系。道德是社会有序化要求的道德，即社会要维系下去所必不可少的“最低限度的道德”，也是有助于提高生活质量、增进人与人之间紧密关系的原则。道德是法律的评价标准和推动力量，是法律的有益补充。法律应包含最低限度的道德，没有道德基础的法律，是一种“恶法”，是无法被人们尊重和自觉遵守的。道德对法律的实施有保障作用，正所谓“徒善不足以为政，徒法不足以自行”。

毋庸置疑，每个人都有遵守道德的需要，长远利益必然以道德为根基，在道德与利益的冲突中只有做到合理取舍，并遵循基本的道德底线，才能最终实现利己、利人、利天下的大义。

三、伦理学知识引导我们更理性、全面、深刻的看待身边的人和事

一般来说，认知的动力主要有两种：一种是追求真理、渴望探索世界奥秘的自然天性；另一种是寻求智慧、渴望解决生活问题的现实本质。伦理学作为一门实践哲学，其核心是将“善的理念”在伦理生活中礼俗化和法治化，并转化为个人德性品质的行动实践。因此，伦理学更加注重由认知走向生活实践活动，即认知生活、改善生活的实践。

伦理学的学习既离不开求真的天性，又离不开向善的渴求。理解和应对现实生活中的道德问题，是伦理学学习的目的之一。无论是西方对道德法则的敬重之心，还是我国儒家的成圣贤之心，最终都是为了达成完善自我品德之目的，既抬头仰望星空，又能追寻内心的道德法则。

我国古代君子不懈追求“在明明德、在亲民、在止于至善”的人生境界，将其作为自己人生的终极目标。古代君子如此，作为担负新时代民族复兴之光荣使命的青年一代，更应在道德上严格要求自我，主动提升道德修养。学习伦理学相关知识，能够使我们更加理性地认识道德本质、起源和发展，道德准则，道德评价标准，道德规范体系等；能够更有利于我们在道德遵循、道德原则上明晰是非，理性对待自己与他人；能够使我们更加全面、深刻地认识和看待道德与经济利益、物质生活的关系，个人利益与整体利益的关系等问题。

四、本章结语

自 20 世纪末以来，伦理学在中国已日益成为一门显学。时代要求伦理学能够为社会实践、人文社会科学提供更多的思想理论支持，也为这个时代中诸多思想困惑与价值选择两难问题提供一种思路。

道德之根，只有深入社会现实生活，才具有真实而持久的生命力。道德建设不仅要靠日常生活持之以恒的陶冶，更要在日常生活中对优秀道德传统进行深入发掘和大力弘扬。“谨乎其外以养乎其内，循乎其末以渐及其本，且道简方可易行。”令人欣喜的是，越来越多的人认识到，理论知识不等于美德；道德教育不是知识灌输，而是生活养成；制度不仅有行为规范功能，更有道德价值引导作用；德性不仅是美好的，也应是有用的。

人类所从事的任何一项事业都肩负着自身所处时代的特殊使命。伦理学作为人类一门古老的学科，其终极使命就是对道德问题进行研究，逐步改善人类现实世界的好生活，为个体的自由全面发展和人类社会的整体进步提供科学的理论指导。

在中国特色社会主义进入新时代的今天，伦理学致力于将道德标准规范化、道德要求制度化、规范制度现实化，将道德观念与我国经济制度、政治制度、文化制度、生态文明制度结合起来，真正进入社会生活，并给予正确的引领。通过生活中的伦理知识的学习，能够正确辨析道德与利益的关系问题，养成基本的伦理素养，形成正确的判断标准和价值取向，最终实现人类的真善美。

课后思考题

1. 伦理学的概念如何界定？
2. 伦理学主要研究什么？
3. 如何区分伦理学普遍意义上的几组关系？
4. 伦理学对我们美好生活的指引是什么？

【延伸阅读】

现实生活是伦理学理论的归宿

道德知识不同于自然科学知识，有些自然科学知识能够以纯粹的知识形态停留在头脑之中。道德知识必须走出头脑，从认知领域进入实践领域。伦理学研究成果如果仅仅停留在理论层面，帮助我们澄清认识，那么它最多只能提供理想生活的知识图景，不能真正转化为现实生活。伦理学研究只有进入现实生活，并将其融入我们的行为、德性、人格和生活，才能实现它们的本来意义。也就是说，伦理学研究不仅要告诉我们应该成为什么样的人，应该过什么样的生活，更要现实地指导我们成为有德性的人，过幸福美好的生活。

伦理学理论可以从两个层面回归现实生活。

一个层面是进入个人生活。社会由一个一个的人组成，行为由一个一个的人完成。理论要回归现实生活，首先就要进入个人生活。理论进入个人生活，需要经过“由外而内”和“由内而外”两个过程。“由外而内”是指将外在的行为规范内化为个体的道德德性，这个过程包含知情意的统一，即理性的道德认知、情感的道德认同和意志的道德认定这三者的统一。“由内而外”是指将内在的道德德性外化为个体的道德行为，即道德德性在理性和意志的协助下，在特定的生活情境中激发出具体的道德行为。当前中国伦理学研究的重要任务就是要使社会主义核心价值观真正进入个人的现实生活，内化为个体的道德德性，外化为个体的道德行为。这个层面的回归要求伦理学必须研究德性的养成规律和德性的发展规律。

另一个层面是进入社会生活。任何个人都生活在社会中，不同的个人通过各种关系联结为一个社会。人是一切社会关系的总和，而社会是由单个的个体汇聚而成的。各种各样的社会制度，包括成文的、显性的制度和不成文的、隐性的制度，都对社会关系起着非常重要的调节和制约作用。伦理学理论要在现实生活中起作用，就必须进入社会制度层面。理论可以通过两种方式进入社会制度：一是“制度的道德化”，即根据特定的道德标准规范现实的社会制度，使制度本身更具伦理性，使制度的社会后果更合乎道德；二是“道德的制度化”，即将特定的道德要求转化为现实的社会制度，规范现实化，从而起到更有力的约束作用。只有将道德观念与我国经济制度、政治制度、文化制度、社会制度、生态文明制度结合起来，道德理论才能真正进入社会生活。

回归现实生活，并不是不要理论研究，而是要把理论研究和现实研究结合起来。研究现实离不开理论，没有系统而科学的理论作支撑，现实研究就无法进行，或者只能浅尝辄止。反过来说，理论研究也不能仅仅停留在理论层面，而必须回归生活，必须为现实的生活问题提供理论的解决方案。只要现实不要理论，会走向粗糙的经验主义；只要理论不要现实，会陷入空幻的理想主义。从道德生活上升到道德理论，将道德理论应用于道德生活，形成道德理论与道德生活的良性互动，才是二者关系的理想状态。

（作者：南京师范大学公共管理学院　李志祥）

——选自《光明日报》（2020 年 12 月 21 日）的报道

当今世界处于科技飞速发展的时代，科学技术给人类带来极大益处的同时，也不可避免地带来了诸多伦理问题。事实上，科技伦理问题一直与近代科技进步形影相随。科技伦理为什么如此值得我们关注？它究竟给人类带来了什么？

经常有人把科学技术比喻为“双刃剑”和“潘多拉魔盒”，科学技术这个“魔盒”里既有促进人类发展进步的好东西，也有因使用不当而引发毁灭性结果的“恶魔之物”。在科学技术发展过程中，炸药技术、原子能技术、化工技术、纺织技术、生物技术等，在给人类创造财富和物质文明的同时，也会沦为战争工具，或者会加速污染环境，使人类生存条件恶化。因此，在科学技术发展和科技活动中，必须重视伦理规范，使科学技术更好地为人类造福。理论层面如何构建中国特色的科技伦理学理论体系，实践层面如何强化在全社会弘扬科学文化和科学精神，推动科学技术的可持续发展，这是科技伦理学的当代使命。

科技伦理　第二章

科技伦理是开展科学研究、技术开发等科技活动时需要遵循的价值理念和行为规范，是促进科学技术事业持续健康发展的重要保障之一。当前，我国科技创新快速发展，面临科技伦理的挑战日益增多。置身于由生命科学、大数据、人工智能等突破性创新技术引领的科技时代，我们不仅能切身体会到科学技术的力量，而且面临科学技术发展带来的伦理争议。一方面，科学技术领域和政策制定者深切地认识到，在科学技术日益对人产生复杂影响，在深度科技化的时代，合伦理、负责任的研究与创新是科技活动的不二选择；另一方面，科技伦理的规范与监督仍存在机制不健全、制度不完善、领域发展不均衡等问题，往往难以适应科技创新发展的现实需要。但毋庸置疑，科技伦理的相关知识学习是青年一代理应具备的通识素养之一。

第一节　科技伦理概述

科学技术和伦理道德都是人类社会实践活动的产物，科技进步与道德建设是一个双向互动的系统。科技进步促进道德建设，并为道德建设提供物质基础；道德建设又推动科技进步，为科技发展把握前进方向。自现代科学诞生之日起，科技伦理便是科学文化的重要组成部分。如核武器从出现到初次使用都引发了人们对现代科技伦理的大讨论。起初，科学家团体只是探讨核战争对人类文明的威胁，但随着参与主体的增加，议题范围也逐步扩大。如《寂静的春天》让人们反思化学农药的过量使用对环境的影响；之后，切尔诺贝利事故、博帕尔事件、臭氧层空洞、气候变化、克隆技术的伦理争议等更是让科技伦理反思成为全球议题。

科技伦理通常以“道德”为核心概念，科技伦理包含了科学技术发展中应遵循的道德理念和道德价值追求，并最终外化为科学技术实践中的道德行为规范。科技的探索与应用只有在符合伦理规范并被引导至向善、负责任的方向时，才能真正促进社会发展，增进人类福祉。

一、科学技术的发展及其风险

进入 21 世纪，随着科学技术的不断突破，基因工程、合成生物学、人工智能等技术不断“试探”着伦理的底线。科学技术的发展终将触及人类学、自然哲学和技术哲学领域更深层次的伦理问题。《中华人民共和国国民经济和社会发展第十四个五年规划和 2035 年远景目标纲要》明确提出深入推进科技体制改革、完善国家科技治理体系，为促进科技合理化发展提供了理念引领和实践方略。

（一）科学技术是什么

科技是科学技术的简称，就基本内涵而言，科学和技术是两个不同的概念，两者之间的区别较为明显。科学是建立在可检验的解释和对客观事物的形式、组织等方面进行预测的有序知识系统之上的，是已经系统化和公式化了的知识体系。这一知识体系反映的是自然、社会、思维等方面的客观规律。根据科学系统知识反映对象的不同领域，可将科学分为自然科学、社会科学、思维科学、形式科学和交叉科学等。科学回答“是什么”和“为什么”的问题；技术则是人类影响、改造自然和社会手段的总和，可以回答“怎样做”的问题。

现如今，科学运用于技术的周期不断缩短，自然科学与技术科学的相互渗透不断加强，科学与技术的边界日益模糊，二者的互动发展也越来越密切。因此，科学与技术逐渐由分立趋向于一体化，并与人类的联系越来越密切。一方面，科学技术是人类认识世界和改造世界的重要工具；另一方面，科技活动本身也是实践活动，科学技术的发展反映着实践活动的价值。

科学技术发展深化了人类对自然、社会和人自身本质的认识。科技成果的应用也扩大了人们的伦理视野，推动了伦理观念的变革，为伦理规范的确立开辟了道路。现代科技既丰富了人类的物质和精神生活，也无可辩驳地带来了威胁人类前景的资源枯竭、粮食危机、环境污染等全球性问题。

（二）科学技术的特性

科学技术的世界观特性。科学是一类智力思维的活动，它来源于社会、哲学、政治、经济等多方面的经验总结，同时为人类各种观念的演进提供了强大的支持。科学技术影响着人们认识世界和看待世界的方式。一个具备了科学世界观的人，往往能秉持理性、客观的科学态度。

科学技术的文化特性。新的科学技术往往以文化的方式融入人们的日常生活并在生活中得到广泛应用，从而促使新的科技文化出现，再通过教育、宣传和普及，使科技文化进入社会文化的重要领域。

科学技术的精神价值特性。科学精神的核心是实事求是、求真务实。相信真理的存在，坚持从实践中追寻真理，并通过努力探索来寻找反映自然法则的自然规律。科学精神一方面约束着科技工作者的行为，另一方面维持着科技制度化的正常发展。

（三）科学技术的“双面性”

科学技术的发展是当代社会发展最强劲的内生原动力，是推动社会文明不断进步的动力。

一方面，科学技术的发展标志着人类征服自然的能力增强，能够创造出更多的物质财富，对社会发展起着积极作用。通过科学研究产生的科技成果越来越迅速地被应用于社会生活，为我们提供认识外部世界和人类自身的途径，同时带来巨大的经济利益。

另一方面，如果科学技术的发展与人类美好愿景相背离，便可能在一定程度上和一定范围内造成无法逆转的恶果，甚至可能会将人类社会直接推向危险的边缘。

例如，人工智能发展导致的算法桎梏与偏见、工具理性与价值理性的失衡、道德地位判定障碍以及用户数据透明化与去隐私化等伦理问题。人工智能和大数据技术的发展，也会对人的信息知情权和选择权形成挑战。部分商家会滥用个人信息，进行差异定价的“大数据杀熟”现象；滥用推荐“算法”，制造“信息茧房”效应；可能威胁公民人身安全和金融安全的“AI 换脸”“深度伪造”技术等行为往往突破了伦理边界、道德底线，甚至游走在违法犯罪的边缘。

由此可知，科学技术是一把“双刃剑”。从形式上看，科学技术本身并无善恶之分。然而，一项科研成果或一种技术手段既可用于改造社会、造福人类，也可能沦为作恶工具，其结果必然是损害他人和社会的利益。科技活动如果没有伦理的规范约束和价值引导，则可能在“善”的道路上行驶时迷失方向，难以真正造福人类社会，甚至可能带来灾难性后果。

二、科技伦理的概念和治理原则

科技伦理包含人类对自身科学技术实践活动、科学技术所蕴含的道德伦理问题的哲学反思，以及由此形成的基于公共理性论证的科技价值选择，即科技之“善”和科技“向善”之可能。简言之，科技伦理规定了科技工作者应恪守的价值观念、行为规范和应承担的社会责任。

（一）科技伦理是什么

2019 年 7 月 24 日，中共中央通过了《国家科技伦理委员会组建方案》，明确指出科技伦理是科技活动必须遵守的价值准则。

一般而言，科技伦理是指科技创新活动中人与社会、人与自然、人与人关系的思想与行为准则。它规定了科技工作者及其共同体应该恪守的价值观念、行为规范和应承担的社会责任。

科技伦理的含义通常包含三个方面：一是科学家的职业道德行为，包括科研道德、科研诚信和科研不端等；二是科学技术研究及发展带来的伦理问题，如人类胚胎干细胞实验研究等对社会伦理观念的挑战；三是科技领域与其他领域的伦理冲突。

科技伦理主要是对从事科技研究的人员以及科学技术研究的方向进行正确的思想引导。通过科技活动探索未知领域、取得创新成果固然重要，但加强相应的伦理准则建构同样不可或缺、不容忽视。想要让科技创新通过促进经济和社会发展造福人类，并减少科技发展对人类生存和发展带来的消极后果，就必须重视科技伦理研究，加强科技伦理治理。

科技伦理是科技活动必须遵守的价值准则。通过科技伦理治理，构建健全的科技伦理准则体系，开展更具有预见性、动态性和广泛参与性的科技伦理评估活动，才能在充分促进科技创新并使社会公众受益的同时，避免由不合伦理的科学技术滥用行为所导致的权利侵犯、环境破坏乃至威胁人类生存的风险。

科学求真，伦理求善。如果说科技创新活动更多的是从探索发现的角度关注科技工作者“能不能做什么”，那么科技伦理治理则旨在从伦理准则的层面关注科技工作者“该不该做什么”。科技好比飞驰的骏马，而伦理则是制约骏马的缰绳。科技伦理是科技人员判断善恶的最基本的标准，是约束科技工作者科研行为的具体原则，是从事科技研究活动的主体在进行学术研究活动的整个过程中处理个人与他人、个人与社会、个人与自然关系时所要遵循的行为准则、规范的总和，也是为保障学术研究顺利进行、实现知识创新目标而约定的基本道德律令。

（二）科技伦理治理相关政策及科技伦理原则

《国家科技伦理委员会组建方案》明确了伦理道德在科技活动中的重要地位，为加强科技伦理治理指明了具体路径。组建国家科技伦理委员会，目的是加强统筹规范和指导协调，推动构建覆盖全面、导向明确、规范有序、协调一致的科技伦理治理体系。

2019 年 10 月 31 日，党的十九届四中全会通过了《中共中央关于坚持和完善中国特色社会主义制度 推进国家治理体系和治理能力现代化若干重大问题的决定》，提出健全科技伦理治理体制。将健全科技伦理治理体制作为国家治理体系的重要组成部分，是以习近平同志为核心的党中央在全球范围内新一轮科技革命和产业变革蓬勃兴起、人类发展面临前所未有的新机遇和新挑战的历史时刻做出的重大部署，对于克服科技领域存在的伦理问题、促进我国科技事业健康发展，具有重要意义。

2021 年 12 月 17 日，习近平总书记主持召开中央全面深化改革委员会第二十三次会议，审议通过了《关于加强科技伦理治理的指导意见》，会议强调，科技伦理是科技活动必须遵守的价值准则，要坚持增进人类福祉、尊重生命权利、公平公正、合理控制风险、保持公开透明的原则，健全多方参与、协同共治的治理体制机制，塑造科技向善的文化理念和保障机制。

2022 年 3 月，中共中央办公厅、国务院办公厅印发《关于加强科技伦理治理的意见》，明确科技伦理的原则如下：

①增进人类福祉。科技活动应坚持以人民为中心的发展思想，有利于促进经济发展、社会进步、民生改善和生态环境保护，不断增强人民获得感、幸福感、安全感，促进人类社会和平发展和可持续发展。

②尊重生命权利。科技活动应最大限度避免对人的生命安全、身体健康、精神和心理健康造成伤害或潜在威胁，尊重人格尊严和个人隐私，保障科技活动参与者的知情权和选择权。使用实验动物应符合“减少、替代、优化”等要求。

③坚持公平公正。科技活动应尊重宗教信仰、文化传统等方面的差异，公平、公正、包容地对待不同社会群体，防止歧视和偏见。

④合理控制风险。科技活动应客观评估和审慎对待不确定性和技术应用的风险，力求规避、防范可能引发的风险，防止科技成果误用、滥用，避免危及社会安全、公共安全、生物安全和生态安全。

⑤保持公开透明。科技活动应鼓励利益相关方和社会公众合理参与，建立涉及重大、敏感伦理问题的科技活动披露机制。公布科技活动相关信息时应提高透明度，做到客观真实。

经过多年奋斗，中国逐渐发展为科技大国，并正在加快建设科技强国，努力走向高水平自立自强之路。在这一重要的发展阶段，更需要正确预判科技创新可能带来的伦理风险，系统化权衡和处理科技前沿的伦理冲突。面对纷繁复杂的现代社会，面对日新月异的科技发展，科技伦理治理是一项颇具挑战性的工作。没有规矩，不成方圆，科技向善要靠科技伦理来约束。当然，过于严苛的科技伦理治理，也会制约科技创新及应用。因此，更需要在科技创新与伦理治理之间找到动态平衡点，努力实现科技创新高质量发展与科技伦理治理的良性互动。在系统推进建设科技强国的进程中，既要遵守增进人类福祉、尊重生命权利，坚持公平公正、合理控制风险、保持公开透明的原则，又要健全多方参与、协同共治的治理体制，把科技伦理要求贯穿科学研究、技术开发等科技活动全过程、覆盖到科技创新各领域。

三、健全科技伦理治理体制

把科技伦理要求贯穿于科技活动全过程、覆盖到科技创新各领域，具体包含以下四个方面：完善科技伦理治理学术研究机制；健全科技伦理监管制度；建立科技人员自律机制；推进科技伦理法律化。

（一）完善科技伦理治理学术研究机制

完善科技伦理治理学术研究机制，是健全科技伦理治理体制的重要基础。我国科技伦理研究正在兴起，但是与科技的迅猛发展相比，还相对比较滞后，研究还不够深入和完善。因此，科技伦理研究者需要结合高新科技发展现状，既重视科技伦理治理的基础理论研究，又重视其应用研究，加快构建具有自身特色的学科体系、学术体系、话语体系。

第一，加强科技伦理研究队伍建设。我国科技伦理研究属于伦理学研究的一个应用分支，目前研究人员偏少且力量分散于各个学科和行业，难以形成系统的研究队伍。但形成人数充足且实力雄厚的研究队伍则需完善科技伦理研究的资助和激励机制，将激励与约束有机结合起来，以此促进科技伦理研究者大胆创新、推出高质量研究成果。此外，还需不断完善人才引进机制，努力打造一支既懂科技又具有伦理学素养的科技伦理研究队伍。

第二，健全多学科研究协同机制。科技伦理研究涵盖自然科学、工程技术等多个领域，涉及哲学、法学、社会学等多个专业。随着高新科技迅猛发展，科技伦理研究越来越呈现跨学科融合趋势。这就需要健全多学科研究协同机制，加强科技伦理专业研究人员与其他学科专家学者的交流、对话和合作，集思广益、群策群力，为我国科技伦理治理决策提供学理支持，为现实科技伦理问题解决提供咨询建议。

第三，健全国际合作研究机制。科技伦理治理研究，涉及知识产权保护、社会责任和科研行为规范等一系列重大现实问题。完善我国科技伦理治理研究机制，需要健全国际合作研究机制，加强国际交流、对话和合作，学习借鉴国际科技伦理治理的先进经验。科研工作者积极参与科技伦理问题的国际合作研究和规则制定，将有助于我国科技伦理治理的规范发展，也能够增强我国在国际科技伦理领域的话语权。

（二）健全科技伦理监管制度

健全科技伦理监管制度，是科技伦理治理得以有效实施的重要保证。当前，需要加快构建覆盖全社会、健全有效的科技伦理监管制度，以强化伦理监管，细化相关法律法规和伦理审查规则，规范各类科学研究活动。健全科技伦理监管制度可以从以下四个方面入手：

第一，建立科技活动向善、行善的导向机制。当今社会，科技活动已成为一种涵盖范围十分广泛的社会活动，涉及自然科学、工程技术等诸多领域。这些领域的科技活动都有可能出现伦理问题，进而给社会带来风险或危害。有效防控风险或危害，需要不断加强科技伦理监管，建立科技活动向善、行善的导向机制，并为科技活动提供有利于推动社会进步和人类发展的价值指引，促进科技人员树立正确的道德观和科技观，强化其对社会的责任与担当。

第二，建立科技伦理规范体系。科研活动正当有序地开展，防范利用科技作恶的行为，需要建立科技伦理规范体系，包括科技伦理规则体系和确保该体系得到执行的监管体系。一般来讲，科技活动主要包括选题、规划、研究、实验等环节。以科技伦理规范为依据，对科技活动的环节进行有效规范，是科技伦理治理的基本任务。健全科技伦理监管制度，需要依据科技伦理规范对科研活动进行全过程监管，发现并纠正科技伦理问题。

第三，完善科技伦理监管规则和程序。健全科技伦理监管制度，既需要健全监管规则，又需要完善监管程序，实现监管领域不留死角、监管过程有机衔接。有效治理科技不轨行为，将科技风险控制在社会可接受范围内，必须不断完善监管制度规则体系，强化监管机构的横向联系，扩大监管覆盖面。与此同时，完善监管程序，公开透明的规则制定、审理与批准、监测等程序能够使监管过程有理有据。应坚持伦理先行，建立基于防范原则的“适应性治理”，不断完善科技伦理风险评估和监管。

第四，形成科技伦理监管合力。实现科技伦理治理和监管主体责任制度化，以促进各主体各司其职、密切合作，协同一致推进科技伦理治理。科技伦理治理是一种社会治理，既需要加大政府监管的力度，又需要充分发挥相关社会组织的作用。一方面，充分发挥国家科技伦理委员会的规划、指导、监督作用，推动科研单位和相关企业成立科技伦理委员会；另一方面，注重发挥各级科协组织以及与科技相关的各种专业学会或协会的作用，形成科技伦理监管合力。

（三）建立科技人员自律机制

防范科技滥用及其他可能出现的风险或危害，亟须建立科技人员自律机制，增强自律意识。引导科技人员加强道德修养、提高道德素质，促进科技伦理内化于心、外化于行，这是科技伦理治理的重要着力点。一般而言，道德素质包括正确的道德观、优良的道德品质、高尚的道德情感和正当的道德行为。科技人员只有先成为有德之人，然后才能成为有德的科技人员；只有不断增强自律意识，才能在科技活动中“不逾矩”。如果缺乏自律意识，科技人员在缺乏监督的情况下就有可能违规甚至违法。有了自律意识，科技人员才能自觉遵守科技伦理和科研规范，经得起诱惑、守得住底线，真正把做人、做事、做学问统一起来。因此，科技伦理治理需要与道德教育有机结合起来，在提高科技人员的道德修养上下功夫。

第一，引导科技人员树立正确的科技观。正确的科技观可理解为科技人员的“道”，道德素质可视为“德”。因此，科技人员应树立体现社会道德规范和道德理想的科技观，并在正确科技观的指引下，遵守科技伦理和科研规范，自觉把科技伦理融入工作，以科技伦理规范科学技术研发工作，守住道德底线。

第二，营造良好氛围。科技人员自律机制的建立，既离不开作为科技活动主体的科技人员，也离不开科技单位和相关组织。各科技学会、协会组织都需加强对科技人员正确科技观、科技伦理及道德素质的教育和培训，并使之规范化、制度化、常态化。

第三，各相关单位和组织需要完善激励机制。将科技人员的道德素质和科技伦理表现作为申请科研项目、人才项目、奖励项目的重要条件，在科技界营造抑恶扬善、为善去恶的良好氛围，鼓励科技人员在科技活动中追求真理与价值的统一、合规律性与合目的性的统一，牢牢守住科技伦理的底线。

（四）推进科技伦理法律化

随着科技对人类社会的影响越来越大，必须推进科技伦理制度法律化，借助法律的刚性约束，加强科技伦理治理。把科技伦理中的道德规范上升为法律规范，目的是用法律更好地推进科技伦理治理。我们要善于通过立法，借助法律权威进一步巩固科技伦理治理成果，增强科研人员和科技企业的伦理意识，使科研人员和科技企业在面对科技伦理问题时有明确的行为依据，更加有效调节科学技术发展及控制后果。

第一，要搞好顶层设计。有计划、有步骤地制定相关法律，聚焦人脸识别、语音合成、自动驾驶、服务机器人等科技前沿领域，支持地方先行开展立法试点，重视数据产权问题研究，规范数据归属权、使用权、收益权等权利问题。

第二，要加强行业自律。鼓励行业协会和第三方机构组织制定人工智能产业标准、技术标准和行业规范，引导企业制定伦理规则，强化企业保护个人信息、个人隐私的责任。

第三，广泛开展宣传教育，普及人工智能相关知识，强化科研人员科技伦理与法律培训，引导全社会正确认识和应用人工智能。

第四，加强国际交流与对话，积极参与制定全球人工智能伦理规则。

第二节　科技伦理的社会价值与研究意义

科技伦理是开展科技活动的重要遵循，也是促进科技事业健康发展的重要保障。当前，新一轮科技革命和产业变革正深刻改变世界发展的面貌和格局，科学新发现、技术新突破在造福人类的同时，伦理风险和挑战也相伴而生。当前，我国科技创新快速发展，面临的科技伦理挑战日益增多，但科技伦理治理仍存在体制机制不健全、制度不完善、领域发展不均衡等问题，已难以适应科技创新发展的现实需要。为进一步完善科技伦理体系，提升科技伦理治理能力，有效防控科技伦理风险，不断推动科技向善、造福人类，实现高水平科技自立自强，2022 年 3 月 20 日，中共中央办公厅、国务院办公厅印发《关于加强科技伦理治理的意见》，明确了以习近平新时代中国特色社会主义思想为指导，深入贯彻党的十九大和十九届历次全会精神，坚持和加强党中央对科技工作的集中统一领导，加快构建中国特色科技伦理体系，健全多方参与、协同共治的科技伦理治理体制机制，坚持促进创新与防范风险相统一、制度规范与自我约束相结合，强化底线思维和风险意识，建立完善符合我国国情、与国际接轨的科技伦理制度，塑造科技向善的文化理念和保障机制，努力实现科技创新高质量发展与高水平安全良性互动，促进我国科技事业健康发展，为增进人类福祉、推动构建人类命运共同体提供有力科技支撑。

一、科技伦理的社会价值

科技伦理具有认知价值、工具价值和社会价值。本章主要讨论科技伦理的社会价值。

（一）促进科技与社会的和谐发展

社会发展往往面临着这样的矛盾：一方面，科技的发展极大地提高了人们的生活质量，社会也因此而进步；另一方面，科技的发展又给社会安全、人身健康、生态环境、自然资源带来一定程度的破坏和威胁。科技伦理研究有助于认识科技发展可能带来的影响，协调科技发展与社会可持续发展之间的关系，有助于开展理性、科学的技术决策，促进科技与社会的和谐发展，促进社会的全面进步，为人类谋幸福。科技伦理研究还将有效规范科技发展，使科研人员在科研活动中依据一定的伦理准则对研究预期成果做出正确的评判，从而引导和规范科学研究向着有利于人类的方向发展，使之更好地为人类服务。

（二）提高科技工作者的科技伦理责任意识

科技伦理可以提高科技人员的道德素质，帮助他们树立献身科学、不求名利、不慕权贵、造福人类的崇高理想和信念，还可以引导科技人员把道德意识形态的生产力转化成现实物质形态的生产力，为科研事业奉献自己的智慧，为社会发展创造出更多成果。另外，科技伦理具有提高科技人员的责任伦理意识，协调科技人员之间、科技人员与社会整体之间、不同国家之间、科学共同体与其他社会产业之间关系的功能，推动科学事业稳定地向前发展。

（三）提高公众对科技伦理风险的认识

一项新的高新科技产品应用于社会时，公众能否接受，能否理解高新科技在带来便利的同时也具有一定的风险性，能否对高新科技进行客观全面的评价，都取决于科技决策能否民主化。民主化是该高新技术最终造福公众的重要标准，公众如果能够认识高新科技产品可能存在的伦理风险，将大大减少他们在社会生活中面临的科技风险。而科技伦理发挥伦理教育功能，通过实践分析等手段提高公众对科技产品的理性认识，也能有效减少科技伦理风险带来的负面影响。

二、科技伦理的研究意义

面对深度科技化时代中不确定的伦理风险，科学家和技术人员应在研究创新之初通过反思和对话，认真考量自身研究所包含和潜在的各种伦理价值问题，并将这种思考贯彻科技活动的全过程，以引导科技向善，确保科技增进人类福祉。

（一）培养正确的科技伦理价值观

科学技术成果带来的效果往往具有两面性。如果本着科技向善的目的，科技成果就能成为造福人类的有效工具，一旦使用不当或者被别有用心的人利用，便会成为人类的帮凶。人类科研成果好坏的价值判断不仅在于科技进步可能性的大小，还在于其根本价值对人类社会发展是否有益。对此，责任伦理思想强调技术的发明、创造和使用要建立在符合自然规律，尊重自然、人类和未来世界尊严和权利的基础上，要正确认识与处理人类各种利益的辩证关系，这样的行为才是符合伦理道德的。科技是天使的形象还是魔鬼的化身，取决于科技工作者的伦理道德意识和社会责任感强弱。在进行科技活动时，要倡导构建“人类命运共同体”，从整个自然和人类社会的全局出发，有效地预估和规避科技活动的潜在负面效应，从而保持人类社会的可持续发展。

（二）促进科学精神和人文精神的融合

1959 年，查尔斯・珀西・斯诺就在剑桥大学的演讲中就明确提出了当时存在的两种文化工作者，一种是文学分子，另一种是科学家，特别是最有代表性的物理学家。二者之间存在互不理解的鸿沟，当然大多数是由于缺乏了解。科学精神要求以保持具有普遍性、公有性、无私利性和有组织的怀疑精神去探索自然的本真面貌。而人文精神则认为应以人的价值、尊严、自由、自我实现作为科学追求的基本前提。科学精神与人文精神是社会发展的“车之两轮，鸟之双翼”，共同铸就人类社会的繁荣辉煌。把知识和科学浸润在社会良知和精神的崇高追求中，才能真正增进人类的福祉。过分追求科学研究的价值中立势必会影响人的全面发展，只有加强科技伦理教育才能真正促进科学精神与人文精神的融合。培养青年一代的科学家精神，既要培养他们渴望知识、探索真理的进取精神，又要在全社会营造讲科学、爱科学、学科学、用科学的良好氛围，从而培养出有理想、有本领、有担当的人才，顺应人的全面发展和新时代发展的要求。

第三节　科技伦理研究的深层反思

科技伦理的研究范围主要涉及两个方面：一是科学技术研究及应用过程中产生的社会伦理问题，如核安全问题、太空垃圾问题、网络安全问题、高技术产品安全问题等；二是科学研究内部应该遵循的伦理规则，包括科学家在科学活动中应当遵守的研究规范、科学家的社会责任等。本节将对伦理争议比较集中的实际案例展开讨论，以期达到梳理问题、分析困境、启示现实的目的。

一、科技发展中道德地位的判定障碍

随着科学技术的高速发展，原有的科技制度规范往往落后于科技发展的速度，各种价值观与多元思潮并行存在，科技规范漏洞与不足正频频显现。

以人工智能研究领域为例，从行为层面上，现代智能化发展过程中，科技人员的越轨行为存在隐蔽性，其越轨活动的行为目的，科研人员心理活动动机的主观故意性也缺乏衡量标准。此外，当前诸多人工智能研究活动仍无法判定是否存在潜在危险，一些人工智能产品出现危害后也很难判定是研究活动造成的还是使用不当造成的，致使对科技道德失范行为难以实施惩戒。

不过各个国家也在努力采取措施来解决道德判定障碍问题，如 2018 年 6 月，美国医学会针对医学人工智能系统发布了《如何开发、使用和调节人工智能的指

南》（以下简称《指南》），旨在解决人工智能医疗实践问题中所引发的责任判定障碍。《指南》强调了人工智能技术只是起到增强作用而非替代医生工作，人工智能系统中的决策失误引发的医疗事故由医生负责。

众所周知，一直以来道德地位的唯一作用主体是人。但经研究发现，当下人工智能也具备一定的道德行为和部分道德行为的基本特征，这不免引起人们思考。人工智能是否该有电子人身份？是否因其具有人的道德特质而赋予相应的权利和义务？事实上，截至目前学术界依然认为人工智能虽具备人本主义、拟人性、人类中心性三种道德主题意识表现形态，但仍缺失自我感知与认知自主性，这使其道德主体地位尚存质疑，但人工智能对人类主体地位的削弱却是显而易见。

二、构建完善的科学技术伦理体系的重要性

人类应走出狭隘的民族主义和爱国主义樊笼，培育具有科技、经济、政治、文化多维层面的伦理意识，用全球化视野构建新的科学技术伦理体系。技术的开发利用应该以人为本，要进行人性化的生产利用，避免人适应技术、人受技术“奴役”“压迫”的现象产生。我国已关注到科技的发展进步必然会引发体制化的矛盾，先进的科技快速发展也会冲击到原有的社会治理程序，成为影响国家和社会稳定的重要因素。因此，必须构建完善的技术伦理体系，营造科技向善、安全和平的技术利用文化软环境，协调统筹好科学技术可持续发展与社会治理效能优势发挥的关系。

科学技术伦理体系需要拓宽原有的科技伦理概念范围，突出人的生存权、发展权、平等权，形成由价值观、道德标准和可接受行为组成的规范统一体。树立正当、安全、和平利用科学技术的责任意识和思想观念，培养工作人员的安全责任意识，提高科学技术研发人员的全面素质，营造良好的技术安全文化氛围。

三、必须建立有效的评估、指导、监管机制

构建完善的风险评估、技术指导和监管制度，形成技术开发利用的硬约束。

首先，在风险事件发生前，对科学技术研发和应用可能给人们生活、生命、财产等各方面带来的不良影响和后果进行科学预测和评估，建立相关风险评估机

制和机构。特别是建立独立于技术开发和政府之外的第三方评估机构，以此评估风险，核实信息的真实性，为政府和科研单位提供有效的信息，便于风险沟通和管理，并随着时代的发展不断提高评估的精确性和实效性，完善风险评估机制。

其次，建立科学技术指导小组，保证科技研发及应用的操作安全可靠。例如，核电站等具有重大安全隐患的部门有必要建立专属的技术指导小组，有目的、有计划地进行培训，确保员工能够熟练使用仪器表，并对放射性物质的特性充分了解。一旦发生危险，在国家专家咨询组成员未到达前，技术指导小组能对工作人员和救援人员的辐射防护工作提供有效的技术指导。此外，还需对不同的工作人员进行定期的专业考核，督促工作人员清醒地认识到自己肩负的责任，为可能发生的核事故救援工作提供有力的技术支持。

最后，要建立和完善科学技术开发和利用的风险监管机制。因为有些技术开发的专业性较强，一旦发生风险事故的危害极大，需要政府配置专门的机构，由具备技术风险管理经验的人员进行管理和应对。同时需要提高监督人员的素质，制定合理的工作职责、工作时间、工作技能规范和细则。同时，其他部门也应该积极配合政府建立科学技术开发利用的风险应急机制和补救机制。

任何新兴技术的发展应用都势必带来一定的技术风险。技术风险指技术发展应用所带来的不确定性与技术主体不利结果的发生。在伦理学领域，应用伦理学正逐渐将关注点转移至科技研究者的职业伦理和责任伦理。而传统的技术后果承担责任制根本无法应对人工智能技术发展应用实践中导致的不确定性与负向性结果，这时伦理责任机制化构建为我们提供了新的路径思考。伦理责任机制化，作为事后责任追究制的反向性章程，主要强调进行规划性研究工作来作为事前责任预警，倡导主体对所实施的行为加以责任上的自觉认识。

无论科技如何发展，及时研判技术风险、把握方向、紧扣需求，摒除制度建立的理论障碍，构筑我国伦理责任领域的制度优势，提升公众对科技伦理的认知，深化马克思主义思想指导下的科技伦理观，构建科技伦理准则与技术责任制度，技术发展才能够在科技伦理的引导下真正应对风险和挑战，把握时代发展机遇。

课后思考题

1. 科技伦理是什么？
2. 如何理解科技是一把“双刃剑”？
3. 科技伦理的治理原则是什么？
4. 生活中还有哪些科学技术发展带来的两难问题？

【延伸阅读】

中共中央办公厅　国务院办公厅印发《关于加强科技伦理治理的意见》

（2022-03-20　19:05　来源：新华社）

近日，中共中央办公厅、国务院办公厅印发了《关于加强科技伦理治理的意见》，并发出通知，要求各地区各部门结合实际认真贯彻落实。

《关于加强科技伦理治理的意见》全文如下。

科技伦理是开展科学研究、技术开发等科技活动需要遵循的价值理念和行为规范，是促进科技事业健康发展的重要保障。当前，我国科技创新快速发展，面临的科技伦理挑战日益增多，但科技伦理治理仍存在体制机制不健全、制度不完善、领域发展不均衡等问题，已难以适应科技创新发展的现实需要。为进一步完善科技伦理体系，提升科技伦理治理能力，有效防控科技伦理风险，不断推动科技向善、造福人类，实现高水平科技自立自强，现就加强科技伦理治理提出如下意见。

一、总体要求

（一）指导思想。以习近平新时代中国特色社会主义思想为指导，深入贯彻党的十九大和十九届历次全会精神，坚持和加强党中央对科技工作的集中统一领导，加快构建中国特色科技伦理体系，健全多方参与、协同共治的科技伦理治理体制机制，坚持促进创新与防范风险相统一、制度规范与自我约束相结合，强化底线思维和风险意识，建立完善符合我国国情、与国际接轨的科技伦理制度，塑造科技向善的文化理念和保障机制，努力实现科技创新高质量发展与高水平安全良性互动，促进我国科技事业健康发展，为增进人类福祉、推动构建人类命运共同体提供有力科技支撑。

（二）治理要求

——伦理先行。加强源头治理，注重预防，将科技伦理要求贯穿科学研究、技术开发等科技活动全过程，促进科技活动与科技伦理协调发展、良性互动，实现负责任的创新。

——依法依规。坚持依法依规开展科技伦理治理工作，加快推进科技伦理治理法律制度建设。

——敏捷治理。加强科技伦理风险预警与跟踪研判，及时动态调整治理方式和伦理规范，快速、灵活应对科技创新带来的伦理挑战。

——立足国情。立足我国科技发展的历史阶段及社会文化特点，遵循科技创新规律，建立健全符合我国国情的科技伦理体系。

——开放合作。坚持开放发展理念，加强对外交流，建立多方协同合作机制，凝聚共识，形成合力。积极推进全球科技伦理治理，贡献中国智慧和中国方案。

二、明确科技伦理原则

（一）增进人类福祉。科技活动应坚持以人民为中心的发展思想，有利于促进经济发展、社会进步、民生改善和生态环境保护，不断增强人民获得感、幸福感、安全感，促进人类社会和平发展和可持续发展。

（二）尊重生命权利。科技活动应最大限度避免对人的生命安全、身体健康、精神和心理健康造成伤害或潜在威胁，尊重人格尊严和个人隐私，保障科技活动参与者的知情权和选择权。使用实验动物应符合“减少、替代、优化”等要求。

（三）坚持公平公正。科技活动应尊重宗教信仰、文化传统等方面的差异，公平、公正、包容地对待不同社会群体，防止歧视和偏见。

（四）合理控制风险。科技活动应客观评估和审慎对待不确定性和技术应用的风险，力求规避、防范可能引发的风险，防止科技成果误用、滥用，避免危及社会安全、公共安全、生物安全和生态安全。

（五）保持公开透明。科技活动应鼓励利益相关方和社会公众合理参与，建立涉及重大、敏感伦理问题的科技活动披露机制。公布科技活动相关信息时应提高透明度，做到客观真实。

三、健全科技伦理治理体制

（一）完善政府科技伦理管理体制。国家科技伦理委员会负责指导和统筹协调推进全国科技伦理治理体系建设工作。科技部承担国家科技伦理委员会秘书处日常工作，国家科技伦理委员会各成员单位按照职责分工负责科技伦理规范制定、审查监管、宣传教育等相关工作。各地方、相关行业主管部门按照职责权限和隶属关系具体负责本地方、本系统科技伦理治理工作。

（二）压实创新主体科技伦理管理主体责任。高等学校、科研机构、医疗卫生机构、企业等单位要履行科技伦理管理主体责任，建立常态化工作机制，加强科技伦理日常管理，主动研判、及时化解本单位科技活动中存在的伦理风险；根据实际情况设立本单位的科技伦理（审查）委员会，并为其独立开展工作提供必要条件。从事生命科学、医学、人工智能等科技活动的单位，研究内容涉及科技伦理敏感领域的，应设立科技伦理（审查）委员会。

（三）发挥科技类社会团体的作用。推动设立中国科技伦理学会，健全科技伦理治理社会组织体系，强化学术研究支撑。相关学会、协会、研究会等科技类社会团体要组织动员科技人员主动参与科技伦理治理，促进行业自律，加强与高等学校、科研机构、医疗卫生机构、企业等的合作，开展科技伦理知识宣传普及，提高社会公众科技伦理意识。

（四）引导科技人员自觉遵守科技伦理要求。科技人员要主动学习科技伦理知识，增强科技伦理意识，自觉践行科技伦理原则，坚守科技伦理底线，发现违背科技伦理要求的行为，要主动报告、坚决抵制。科技项目（课题）负责人要严格按照科技伦理审查批准的范围开展研究，加强对团队成员和项目（课题）研究实施全过程的伦理管理，发布、传播和应用涉及科技伦理敏感问题的研究成果应当遵守有关规定、严谨审慎。

四、加强科技伦理治理制度保障

（一）制定完善科技伦理规范和标准。制定生命科学、医学、人工智能等重点领域的科技伦理规范、指南等，完善科技伦理相关标准，明确科技伦理要求，引导科技机构和科技人员合规开展科技活动。

（二）建立科技伦理审查和监管制度。明晰科技伦理审查和监管职责，完善科技伦理审查、风险处置、违规处理等规则流程。建立健全科技伦理（审查）委员会的设立标准、运行机制、登记制度、监管制度等，探索科技伦理（审查）委员会认证机制。

（三）提高科技伦理治理法治化水平。推动在科技创新的基础性立法中对科技伦理监管、违规查处等治理工作作出明确规定，在其他相关立法中落实科技伦理要求。“十四五”期间，重点加强生命科学、医学、人工智能等领域的科技伦理立法研究，及时推动将重要的科技伦理规范上升为国家法律法规。对法律已有明确规定的，要坚持严格执法、违法必究。

（四）加强科技伦理理论研究。支持相关机构、智库、社会团体、科技人员等开展科技伦理理论探索，加强对科技创新中伦理问题的前瞻研究，积极推动、参与国际科技伦理重大议题研讨和规则制定。

五、强化科技伦理审查和监管

（一）严格科技伦理审查。开展科技活动应进行科技伦理风险评估或审查。涉及人、实验动物的科技活动，应当按规定由本单位科技伦理（审查）委员会审查批准，不具备设立科技伦理（审查）委员会条件的单位，应委托其他单位科技伦理（审查）委员会开展审查。科技伦理（审查）委员会要坚持科学、独立、公正、透明原则，开展对科技活动的科技伦理审查、监督与指导，切实把好科技伦理关。探索建立专业性、区域性科技伦理审查中心。逐步建立科技伦理审查结果互认机制。

建立健全突发公共卫生事件等紧急状态下的科技伦理应急审查机制，完善应急审查的程序、规则等，做到快速响应。

（二）加强科技伦理监管。各地方、相关行业主管部门要细化完善本地方、本系统科技伦理监管框架和制度规范，加强对各单位科技伦理（审查）委员会和科技伦理高风险科技活动的监督管理，建立科技伦理高风险科技活动伦理审查结果专家复核机制，组织开展对重大科技伦理案件的调查处理，并利用典型案例加强警示教育。从事科技活动的单位要建立健全科技活动全流程科技伦理监管机制和审查质量控制、监督评价机制，加强对科技伦理高风险科技活动的动态跟踪、风险评估和伦理事件应急处置。国家科技伦理委员会研究制定科技伦理高风险科技活动清单。开展科技伦理高风险科技活动应按规定进行登记。

财政资金设立的科技计划（专项、基金等）应加强科技伦理监管，监管全面覆盖指南编制、审批立项、过程管理、结题验收、监督评估等各个环节。

加强对国际合作研究活动的科技伦理审查和监管。国际合作研究活动应符合合作各方所在国家的科技伦理管理要求，并通过合作各方所在国家的科技伦理审查。对存在科技伦理高风险的国际合作研究活动，由地方和相关行业主管部门组织专家对科技伦理审查结果开展复核。

（三）监测预警科技伦理风险。相关部门要推动高等学校、科研机构、医疗卫生机构、社会团体、企业等完善科技伦理风险监测预警机制，跟踪新兴科技发展前沿动态，对科技创新可能带来的规则冲突、社会风险、伦理挑战加强研判、提出对策。

（四）严肃查处科技伦理违法违规行为。高等学校、科研机构、医疗卫生机构、企业等是科技伦理违规行为单位内部调查处理的第一责任主体，应制定完善本单位调查处理相关规定，及时主动调查科技伦理违规行为，对情节严重的依法依规严肃追责问责；对单位及其负责人涉嫌科技伦理违规行为的，由上级主管部门调查处理。各地方、相关行业主管部门按照职责权限和隶属关系，加强对本地方、本系统科技伦理违规行为调查处理的指导和监督。

任何单位、组织和个人开展科技活动不得危害社会安全、公共安全、生物安全和生态安全，不得侵害人的生命安全、身心健康、人格尊严，不得侵犯科技活动参与者的知情权和选择权，不得资助违背科技伦理要求的科技活动。相关行业主管部门、资助机构或责任人所在单位要区分不同情况，依法依规对科技伦理违规行为责任人给予责令改正，停止相关科技活动，追回资助资金，撤销获得的奖励、荣誉，取消相关从业资格，禁止一定期限内承担或参与财政性资金支持的科技活动等处理。科技伦理违规行为责任人属于公职人员的依法依规给予处分，属于党员的依规依纪给予党纪处分；涉嫌犯罪的依法予以惩处。

六、深入开展科技伦理教育和宣传

（一）重视科技伦理教育。将科技伦理教育作为相关专业学科本专科生、研究生教育的重要内容，鼓励高等学校开设科技伦理教育相关课程，教育青年学生树立正确的科技伦理意识，遵守科技伦理要求。完善科技伦理人才培养机制，加快培养高素质、专业化的科技伦理人才队伍。

（二）推动科技伦理培训机制化。将科技伦理培训纳入科技人员入职培训、承担科研任务、学术交流研讨等活动，引导科技人员自觉遵守科技伦理要求，开展负责任的研究与创新。行业主管部门、各地方和相关单位应定期对科技伦理（审查）委员会成员开展培训，增强其履职能力，提升科技伦理审查质量和效率。

（三）抓好科技伦理宣传。开展面向社会公众的科技伦理宣传，推动公众提升科技伦理意识，理性对待科技伦理问题。鼓励科技人员就科技创新中的伦理问题与公众交流。对存在公众认知差异、可能带来科技伦理挑战的科技活动，相关单位及科技人员等应加强科学普及，引导公众科学对待。新闻媒体应自觉提高科技伦理素养，科学、客观、准确地报道科技伦理问题，同时要避免把科技伦理问题泛化。鼓励各类学会、协会、研究会等搭建科技伦理宣传交流平台，传播科技伦理知识。

各地区各有关部门要高度重视科技伦理治理，细化落实党中央、国务院关于健全科技伦理体系，加强科技伦理治理的各项部署，完善组织领导机制，明确分工，加强协作，扎实推进实施，有效防范科技伦理风险。相关行业主管部门和各地方要定期向国家科技伦理委员会报告履行科技伦理监管职责工作情况并接受监督。

第三章 医学伦理

随着现代科学技术的不断进步，许多既往无法解决的医学难题均得到解决或出现了被攻克的可能。但是，在医学科学技术给我们带来福音的同时，也给我们带来了很多伦理困惑。作为伦理学中的重要组成部分，医学伦理既有与其他伦理研究的共性，又有许多独特的、具体的伦理要求，是应用伦理学中发展最为迅猛、争议最为激烈的领域之一。本章旨在讨论医学伦理的特殊性，探析当今医学伦理学面临的新矛盾、新冲击和新挑战，为从伦理学角度构建和谐医患关系提供参考和借鉴。

第一节　医学及医学伦理的特殊性

在现代文明中，医学是一个非常重要的组成部分。无论男女老幼、贫富尊卑，终其一生，完全不需要接受医学服务的人，恐怕少之又少。随着社会的进步，人类对医学服务的依赖，非但没有减弱，反而越来越强。医学伦理因其既能反映社会对医学的需求，又肩负为医学发展导向、为符合道德的医学行为辩护的艰巨任务而备受关注。

一、医学的特殊性

一般来说自然科学以人为研究主体，以自然现象为研究客体，主客体是分离的。但医学则例外，主客体是同一的。人既是研究的客体，又是研究的主体。这一特点造成医学研究的特殊性与艰巨性。医生职业的特殊性也决定了医学人才培养的特殊性，在加强学生理论水平和临床技能的同时，必须着力培养他们“敬佑生命、救死扶伤、甘于奉献、大爱无疆”的医者精神。

现代医学在文艺复兴之后随自然科学的出现而出现。十七世纪兴起解剖学、血液循环学，十八世纪出现可用来测量体温的华氏温度计，十九世纪用显微镜观察细胞。1865 年路易斯·巴斯德发现病菌，其后出现细胞病理学、细菌学和免疫学，并开始使用疫苗。二十世纪上半叶，出现了磺胺类药物和抗生素、X 光透视及新型手术。第二次世界大战以后，现代医学突飞猛进。二十世纪五十年代出现超声成像技术，七十年代出现电子计算机断层扫描（CT）技术，八十年代出现磁共振成像技术，使医用影像学为人体检查提供了新手段。100 多年前，生物电技术开始在心电图、脑电图、肌电图上运用。放射性同位素的运用，各种化学分析检测仪器与技术的运用，使医生对人体有了定量的检测数据。各种干细胞培养、基因工程等技术，使医生从现代高科技发展中源源不断获得许多新的治疗手段与工具。虽然现代医学进步很快，但对于具有超复杂性的人体生命系统来讲，仍是沧海一粟。如中医几千年前发现并加以运用的经络系统，到现在也未能找到解剖学或生理学上的依据。

（一）医学及医学教育的特殊性

一次不起眼的外伤，一个简单的疾病，在今天看来无足轻重，但对于生活在远古时代的人来说，则很可能就是致命的灾难。可以想见，如果人类社会没有医学，则健康甚至是生命存续都可能会遭遇极大的挑战。

由于医学的研究对象是人类本身，而现实中影响人类疾病或者健康的因素不仅涉及自然科学领域，在心理健康等诸多方面还将紧密联系到人文社会科学等领域，所以医学是一门横跨诸多领域的科学。医学和医学教育发展的历史告诉我们，医学的任何一次革命性的突破，都与相邻学科发展成果的交叉结合有关，医学的不断发展依靠培养既有坚实的医学知识和技能又有广博的自然科学等相关领域理论知识的创新型人才。

现代医学正由以疾病为主导转向以健康为主导，以医疗为中心转向医疗、预防、保健、康复“四位一体”。医学教育应该拥有宽泛的学习领域，并且遵循与此相关的自身规律和原则，维持其应有的完整性。社会对医药卫生服务的要求是整体水平提高、多元化趋势增强，客观上需要尽快造就一支数量规模适宜、素质能力优良、结构分布合理、具有较高医学伦理素养的医药卫生人才队伍。

当前，包括中国在内的世界各国普遍高度重视医学发展。医学发展为保护国民健康和社会的可持续发展提供了保障。针对当前医学教育管理体制机制中存在的突出痛点，国务院办公厅印发《关于深化医教协同进一步推进医学教育改革与发展的意见》强调要遵循医学教育规律，完善大学、医学院（部）、附属医院医学教育管理运行机制，保障医学教育的完整性。实化医学院（部）职能，建立健全组织机构，强化对医学教育的统筹管理。医学教育始于入学第一天，要培养医学情怀，必须从选择这个专业开始就能接触临床、接触社会，理解敬畏生命的珍贵。

人的生命是宝贵的、唯一的，因此医学的容错率非常低。诊疗中的一次错误，可能会带来无可挽回的健康损失，甚至会因此失去生命。这就要求医生在诊断、治疗的过程中尽可能地将错误和疏漏降到最低。这和科学技术研究的一般范式恰好相反。科学技术研究往往鼓励研究人员开展各种尝试，从试验中总结经验教训，最终有所突破；而对于医生而言，一个错误判断就意味着患者可能要遭受不必要的痛苦、损害健康，甚至可能付出生命代价。

（二）医学的专业性

虽然每个行业都有其专业性，但这种专业性的程度是存在极大差别的。有些行业的技术含量较低、入行门槛不高，普通人只需要简单的培训也可从事；有些行业则技术含量极高，入行门槛高，必须经过长期的、严格的专业教育才能胜任。医学显然就属于后者。

医学是行业壁垒非常高的行业，其知识自成体系且专业学习难度极大。

首先，医学的专业性来自人体的高度复杂性。人体是一个非常精密的有机组织，每个器官都有极其复杂的结构，其功能更是分工精准且彼此相互关联。例如，人类的大脑，直接或间接地调控着全身的生理功能，但其调节模式至今还未被人类完全掌握。

其次，医学的专业性源于疾病的高度复杂性。几乎每一个器官都存在几十种甚至上百种可能的疾病，如肝脏就有患有脂肪肝、病毒性肝炎、肝囊肿、肝硬化、肝脓肿等多种疾病的可能性，而很多疾病在症状表现上是高度相似的；还有一些疾病，在不同患者身上会有不同的外在症状表现，治疗方案需要针对患者个体情况，制订出最为合理的个性化方案，才可能有疗效。

再次，医学的专业性源自治疗方案的专业性。因为患者存在个体差异，年龄、性别、遗传因素、生活习惯等都会对病情和治疗方案有影响。因而几乎不会有放诸四海而皆准的、标准化的诊断和治疗方案。这些都让医学诊断和治疗成为复杂而艰难的现实问题，没有丰富的医学知识和临床经验是很难做到有效治疗的。

最后，医学的专业性还来自现代科学技术（包括医疗技术本身）的飞速发展。随着科学发展，人类医学对疾病的认知在不断被刷新，新发现、新疗法、新手术、新药物层出不穷，日新月异。这就要求医生必须持续关注相关的医学进展，并将全新的医疗手段和医治方案融入患者治疗工作之中。因此，没有坚实的专业知识基础和持续不断的学习很难达到。

因此，各国普遍规定医生必须经过体系完整的专业学习和培训，通过严格的资格考核方能入职。例如，在我国医学学制至少是五年制本科、一年的规范化培训，通过执业医师资格考试才能执业。

二、医学伦理学的特殊性

医学伦理学是运用伦理学原则解决医疗卫生实践和医学发展过程中的医学道德问题和医学道德现象的学科。医学伦理学是医学的一个重要组成部分，也是伦理学的一个分支，主要是研究医学领域中道德问题的一门学问。医学伦理学来源于医疗工作中医患关系的特殊性质。患者求医时一般信任并依托医务人员的专业知识和技能，患者本身常常不能预判医疗方案的正确与否、治疗效果的好坏；患者常常需要将个人隐私告知医务人员，这意味着病人要信任医务人员，而医务人员则需要为患者保守秘密。这就给医务人员带来一种特殊的道德义务，即将病人的利益放在首位，同时采取相应的行动使自己值得信任。

正因有了这些特殊性，医疗服务衍生难以避免的问题：代理人风险。尽管从法律的角度说，患者及其家属（尤其在患者是无民事行为能力人的情况下）有权选择医疗方案，但囿于极高的知识壁垒，绝大多数患者是无法真正实现选择的。

第二节　医学伦理的沿革及基本原则

医学伦理，是一个古老的学科，有着悠久历史，最早将其系统归纳成典的是《希波克拉底誓言》。

一、《希波克拉底誓言》及其解读

《希波克拉底誓言》明确概括了医生需要遵循的基本伦理原则，也就是医学伦理，其主要内容：

> 吾愿竭尽所能，在智识所及之处，恪守“增进病家利益”之信条，并禁绝一切堕落、害人之恶行。吾不将有害之药给予他人，亦不指导他人服用；即便他人恳求，仍绝不与之。尤不为妇人行堕胎之术。吾愿秉此纯洁而神圣之精神，终身恪守医师之天职。凡患结石者，吾不施手术，而待于专家为之。
>
> ……
>
> 无论吾至何处，无论病家男女老幼、尊卑贵贱，吾惟愿为病家谋幸福；三省吾身，绝不沾染诸害人之恶行，尤不做诱奸之事。凡所见所闻，无论有无业务关系，吾自认应守秘密者，吾当守口如瓶。吾愿恪守此誓，求天地诸神佑我，医术精进，无上荣光。苟违此誓，天地鬼神共殛之！

《希波克拉底誓言》犹如划开黑夜的曙光，奠定了现代医学伦理的基础，被一代又一代的医学生传诵、恪守。今天，它的一些内容依然为许多医学院校所采纳，并经过部分修改之后作为医学生入学或毕业宣誓的誓词。

在我国医学院校普遍采用的《医学生誓言》中，也有一段表述与之有异曲同工之妙：

> 我决心竭尽全力除人类之病痛，助健康之完美，维护医术的圣洁和荣誉。救死扶伤，不辞艰辛，执着追求，为祖国医药卫生事业的发展和人类身心健康奋斗终生。

（一）《希波克拉底誓言》的核心观点

《希波克拉底誓言》的核心观点大致可以归纳为以下三个方面：

第一，医生的天职，是保护患者的利益而绝不能故意损害其利益，不能故意伤害患者，除此之外医生没有别的任务，也无须考虑其他因素。

第二，医生有义务为患者保守秘密。保密的范围不仅局限于病情本身，也包括诊疗过程中所获知的其他患者的隐私，诸如婚姻状况、生育情况等。实际上，各国法律普遍规定当医生的保密义务和其他的义务发生冲突时，保密义务拥有极高的优先权。

第三，医生应该平等地对待所有患者，把患者视为一个普通的“人”来诊疗，而不应该考虑患者的财富、地位、身份、种族、宗教信仰、观点倾向等社会因素。也就是说，医生在执行其职务时应当持中立态度，而不应该把个人的好恶带入医疗行为，更不能因患者的身份而歧视，或者对患者抱有个人偏见。

总之，医生应该是患者生命、健康的守护者。一旦医生决定接诊某个“患者”就不能考虑任何与疾病无关的因素，所有决策的出发点都只能是为最大限度地保护患者的生命和健康而竭尽全力，绝不轻易放弃。医生应谨慎地选择治疗手段，同时整个诊疗过程以及诊疗中所获悉的患者其他个人信息都应该被视为患者隐私，医生有义务对此保密。时光荏苒，这份誓言的核心原则，如尊重患者、保护生命、维护医学道德，以及医生的责任和义务，仍然对当代医学伦理具有深远的影响。

（二）《希波克拉底誓言》的局限性

《希波克拉底誓言》是医学伦理学的经典文本之一，被认为是医学伦理的基石，被广泛应用于医学教育和医学伦理实践中。当然，社会和科技都是不断发展的。《希波克拉底誓言》经过岁月的洗礼也表现出局限性。在这个誓言中，部分内容存在明显的历史局限性，或者带有希波克拉底的个人想法，比如不治疗结石患者等。

此外，现代社会对于个人权利的重视程度远远超出希波克拉底的时代，包括重视患者人格的尊严、患者的知情权和选择权。而这些都没有在《希波克拉底誓言》中加以体现，需要后人补充和完善。

二、现代医学伦理的基本原则

随着社会的进步，医学伦理得到了极大的发展，更加丰富而全面。医学伦理的基本原则是指涉及人的生命和健康的行为应该遵守的主要的、基本的道德原则。不同国家和地区以及在不同时期因受不同的经济发展、传统文化和价值观念影响而有不同的叙述。通常来说，当代的医学伦理主要包括以下六大原则。

（一）生命健康至上原则

生命健康至上原则要求医生把患者的生命和健康视为一个整体，并放在首要位置加以考虑，尽可能维护其完整性。具体而言，这个原则有几方面的要求：

生命应当被视为“无价之宝”。也就是说，医生在诊疗行为中不应该仅仅因为医疗费用放弃救治，首要考虑的不是“值不值得”的问题，而是应当遵循生命至上。当然，对任何国家、地区和个人而言医药资源都是有限的，患者在治疗过程中都会有一定的医疗花销，患者及其家属、医疗保险机构也都会考虑医药费的问题。但对医生而言，绝不能仅仅因为医疗费用问题就放弃患者。

总之，尽管实际生活中经济因素必然会对医疗手段的选择产生限制，但至少在医生的视角中，所有患者的生命都应是至高无上的。

（二）不伤害原则

不伤害原则要求医生在选择治疗方案、开展诊疗活动时，必须尽一切可能避免给患者造成不必要的伤害，尤其是不能为了科学研究给患者带来不必要的伤害。当然，必须强调的是，不伤害患者的意思是不伤害患者的整体健康，是避免不合理的损伤而并不是绝对不能对患者造成任何伤害。

那么，该如何判断一个医疗行为，是不是符合不伤害原则呢？

通常认为，当医生对患者展开诊疗时可以划分为三个方面的目标，即挽救生命、恢复功能、减少痛苦。挽救生命是尽可能地避免患者死亡。恢复功能则包括生物学意义上的功能（如肝脏、肾脏的代谢功能，视觉、嗅觉、味觉等五官的功能，行走、吃饭、睡觉等基本的肢体活动功能）和社会意义上的功能（如患者与他人正常说话、完成普通工作等）。减少痛苦泛指患者身体的疼痛和精神上的不良状态。

这三个方面的目标直接决定了一个人的存在及生活质量。但对于医生而言，这三者的地位并不平等，是依次下降的。也就是说，从医学伦理的角度出发，为了保护患者的生命是允许损伤部分功能的，为了恢复功能是允许带来一些痛苦的，如对肢体受伤患者开展的复健训练；反之，为减少痛苦而损伤身体功能，为恢复功能而危及生命，通常被认为是不合理的，是违反不伤害原则的。简言之，当医生的某个诊疗决策符合这三个目标顺序时，我们就可以认为它并没有违反不伤害原则。总体而言，不伤害原则是医学伦理中必须恪守的基石之一。

（三）审慎原则

审慎原则指的是在诊疗过程中医生必须始终保持高度谨慎的态度。在治疗中面临各种选择时，应当偏向安全而不应该将未知的风险留给患者。医疗行为不鼓励冒险，价值取向相对谨慎保守。

1．审慎原则的来源

医学是科学的一个分支，而科学存在“彼岸性”。随着科学技术的进步，人类能够不断地接近事物的本质，却永远存在暂时还没有掌握的知识彼岸。每当我们在某个问题上有了新发现、新进展、新认识之后，总会因此而诞生更多、更深层次的新问题。也就是说，无论人类如何进步依然不可能达到“彻底掌握一切规律”的程度。

对于医学而言，科学的“彼岸性”表现得就更为突出。今天的医学因为有生物学、生理学、微生物学、化学乃至电子技术的支持而飞速的进步。然而，我们对自己的身体，对疾病的发生和发展规律，还有许多不明白的问题，如我们并不清楚人类的意识是怎么产生的，记忆又藏在什么地方。事实上，如今的医学已经被细分为很多个分支学科，每个学科下又设置了很多方向不断深入，就像一棵枝繁叶茂、根深蒂固的大树，向上向下都可无限延伸。即便如此，人类仍然被诸多问题困扰。

此外，审慎原则的另一个来源是人类的个体差异性。与机器零件、集成电路、化学反应、建筑物相比，人体最大的特点在于具有巨大的个体差异性。医学研究努力寻找疾病的规律和患者之间共性问题的答案，但疗效和副作用都是基于统计学得出的，在许多疾病治疗中仍然显示着个体差异的影响。例如，同一种靶向药物，对某些患者效果明显但对另一些患者则无效，这可能仅仅因为某个特定基因上的微小差别所导致的。

强调审慎原则的最根本原因还在于医学是面向人的学科，诊疗一旦出现失误，就会对患者的健康造成损伤，甚至可能使患者丧失生命，留下永远无法挽回的遗憾。这就必然要求医生保持谨慎的态度，朝乾夕惕、深思熟虑的完成诊疗活动，才对得起患者及其家属的信任和托付。

2. 审慎原则的具体要求

医学伦理中的审慎原则，要求医生在诊疗过程中始终坚持谨慎的态度，具体包括如下几个要求。

第一，在为患者进行检查和诊断时，医生需要保持高度专注，仔细、谨慎地对待每一个细节问题，切不可因粗心马虎、大而化之而错过一些不明显的疑点，或者不能准确判断疾病，甚至影响整个诊断的正确性。

第二，在诊疗过程中，医生需要全面、充分地考虑疾病本身和治疗所带来的风险。比如，一些很少出现的疾病并发症、药物不良反应，或者是患者自身的特殊性（如肝肾功能不全、贫血、对某类物质过敏、缺乏某种维生素等），都可能给诊疗的结果带来极大的影响。因此，需要预先加以识别并做好防范预案，只有这样才能真正做到充分保护患者的生命与健康。

第三，在诊疗的过程中，如果医生需要试用新疗法、新药物或不良反应风险较大的治疗方案时，就更需要谨慎。只有明确判断这类治疗方案带来的风险远远小于给患者带来的益处时，方可采用。

总之，谨慎原则来源于医学的“彼岸性”和人体的高度复杂性，必然要求医生如保赤子、如履薄冰般完成诊疗工作。

（四）保密原则

保密原则也是直接脱胎于《希波克拉底誓言》中“凡所见所闻，无论有无业务关系，吾自认应守秘密者，吾当守口如瓶。”医生在诊疗活动中，所看到、听到的有关患者、患者家庭的一切事情，都应该被默认为是患者的隐私。尤其是患者本身的健康状况更是隐私信息。对于这些隐私，医生有责任为其保守秘密，不随意泄露。

1．保密原则的意义

这一原则的提出，本质上是为了获得医生和患者之间的充分信任。想要有效的治疗疾病，医生就必须充分地了解患者的全部情况，要求患者自述身体的各种感受、病史情况等。而这些情况，有些涉及患者的社会关系和社会评价，一旦公开就可能带来极大的负面影响。如果医生不能承诺为其严格保密，则患者就会心存顾忌，不利于患者配合治疗和遵照医嘱。

此外，患者的健康信息有时还会对周围人产生难以估量的影响。总之，保密原则是一个概括性要求，既是对患者的尊重与保证，也是对医生正确执行职务的要求。

2．保密原则的例外

保密原则在一些特定条件下也是有例外的。这种例外则是为了更好地保护患者利益和社会公共利益而产生的。最重要的例外就是涉及未成年患者的强制报告制度。

2020 年 5 月，我国最高人民检察院等九部委和协会组织，联合发布了《关于建立侵害未成年人案件强制报告制度的意见（试行）》，该意见规定，在工作中发现未成年人遭受或者疑似遭受不法侵害以及面临不法侵害危险的，应当立即向公安机关报案或举报。

显然，涉及患者隐私的内容，按保密原则理应保密，至少应该获得监护人的同意方能告诉他人。但未成年人本身处于弱势地位，而这些不法侵害也有可能是因其监护人不负责任而造成的，抑或监护人就有可能是加害者。此刻，法律就特别授权医护人员，可不必获得监护人同意而是按照规定立即报案。这种规定，出发点依然是保护患者的生命健康，与保密原则并不冲突。

另一个常见的例外情形，则是对严重传染病的报告制度。

在中华人民共和国领域内的一切单位和个人，必须接受疾病预防控制机构、医疗机构有关传染病的调查、检验、采集样本、隔离治疗等预防、控制措施，如实提供有关情况。疾病预防控制机构、医疗机构不得泄露涉及个人隐私的有关信息、资料。

卫生行政部门以及其他有关部门、疾病预防控制机构和医疗机构因违法实施行政管理或者预防、控制措施，侵犯单位和个人合法权益的，有关单位和个人可以依法申请行政复议或者提起诉讼。例如，我国法律对获得性免疫缺陷综合征（AIDS），以及甲类传染病，也采取了强制报告制度。这种规定，目的是保护公共利益，尽可能地降低疾病传播风险，因而同样是正当的。

当然，无论是为了保护未成年人，还是为了防控特定的传染病，除规定的上报原则和上报方式外，医生依然要恪守保密原则，不能向他人透露患者隐私。

（五）不歧视原则

不歧视原则，要求医生平等地看待一切患者，不因人种、国籍、文化背景、职位、财富、性别等任何与疾病无关的因素，而在诊疗中采取不同的态度、治疗方案。同时，这一伦理原则还要求医生在整个治疗过程中，尊重患者的人格尊严，不因以上差异评价患者。

1．不歧视原则的内涵

不歧视原则有两方面的要求：一是把所有患者视为平等的人，二是不把个人的好恶带到诊疗行为之中。

第一个要求较好理解。现代社会中的成员已经普遍能够接受人人平等的概念。因种族、肤色、性别、财富、地位等因素而采取差异化治疗，便是一种歧视行为。作为医生不应该有这种歧视性的态度。

第二个要求则稍微复杂一些。要求医生在诊疗过程中，不对患者的致病原因进行道德评价。众所周知，很多疾病是和个人生活密切相关的，如艾滋病（AIDS），就很可能与个人生活习惯有非常直接的关系，如不消毒反复进行静脉注射，多次从事高危性行为等。但医生不得拿这些病因来批评患者，否则易对患者造成心理负担，也容易伤害到患者内心，妨碍医生和患者之间建立的信任关系，影响诊疗方案的决策。

2．不歧视原则的例外

在特定的情境下，医生应当采取额外的防护措施保护自己和他人。

例如，一个患者患有体液传播疾病，在为其实施外科手术时，医护人员就面临较大风险，这种风险又称为职业暴露，是医生不得不面对的问题。对此，各国的医学指南普遍规定，为此类患者实施外科手术或侵入式检查时，医护人员必须加强对自己的防护，如穿戴特别的防刺手套等。

简言之，对特定疾病、特定场合采取额外防护的做法，并不违反不歧视原则，公众也应该予以理解。

（六）知情同意原则

知情同意原则指的是在采取任何医疗措施之前医生都应该确保患者对该医疗措施有充分的理解并同意实施，否则医生不能实施该医疗措施。

面对一些无民事行为能力的患者或是暂时失去表达能力的患者，则知情同意的权利交由患者家属代为行使。而当患者不能有效表达意见、身边又无直系亲属且情况紧急时，则知情同意的权利可由医疗机构的负责人及授权代表代为实施。

总体而言，知情同意原则是医学伦理的基石之二，也是一切医疗行为正当性、合法性的来源所在，具有极其重要的意义。

知情同意原则实际上包括了两个部分的内容，即选择权和知情权。

1．知情同意原则中的选择权

在现代社会中，一个人的生命权、健康权被普遍视为与生俱来、不可剥夺的权利。具有选择权，则人对自己的健康问题有权做出选择，对自己的身体拥有处分权。当遇到疾病时有权选择接受或不接受治疗，也有权选择接受或不接受某种治疗方案，且不需要说明理由，旁人不得干涉。哪怕这种选择对他本人并不是最优、最合理的决策，甚至是不理智的决定，法律依然承认这是患者应有的权利。这一规定本质上是对人的基本权利的认可和尊重。

此外，有些疾病的治疗方案虽然可能延长生命、恢复功能，但也存在治疗无效甚至导致病情恶化的风险。患者作为治疗后果的直接承受者，比任何人都有权决定是否接受治疗。未征得患者同意便擅自实施治疗，不仅是对患者选择权的侵犯，还可能引起患者及其家属的质疑，甚至涉及法律纠纷。

一般而言，患者对治疗方案有选择权。当患者因故不能实施选择时，由其法定代理人、监护人、近亲属代为选择，只有在非常极端的情况下才允许其他特定的人代为选择。

2．知情同意原则中的知情权

患者的选择权显然是非常重要的，必须予以尊重。那么，如何才能真正地体现患者的选择权呢？先决条件是确保患者知情权的有效行使。

对于患者而言，理性选择治疗方案是最大限度地维护自身权益。而选择的前提是知晓治疗方案的效果和风险。对医疗行为中的知情权而言，往往因医学的专业性而存在信息认知门槛。普通患者及家属，既没有医学知识也没有临床经验，面对具体的医学问题时，往往无从选择。即使选择，效果也非常有限。因为患者及其家属对医学术语可能完全不了解。知情和理解是两个概念。

各国的法律、医疗规范中普遍规定，涉及重大的治疗方案选择（如手术、化疗、侵入式检查等）时，医生应当获得患者的知情同意。让患者拥有实质的知情权，充分理解该治疗方案的利弊，医生就需要和患者深入交流，对治疗方案予以解释，讲清楚这个治疗方案的利弊以及可能产生的风险，并回答患者的疑问，其后再征求患者的意见。唯有如此，才能让患者在完全知情且自愿的基础上做出选择。总之，患者的选择权，本质上就是确保患者在知情的前提下自愿选择合适的医疗方案。

以上六大原则是现代医学伦理的基本原则，这六大原则之间有一定的交叠，甚至互为前提。在历史不同时期，这六大原则的内容有所增删，但大致都能归纳其中。

第三节　现实生活中的医学伦理冲突

前文所述的六大原则，构成了现代医学伦理的架构，指导人们解决医疗行为中的伦理问题。然而在实践中，往往会因各种特殊情况使这六项现代医学伦理原则之间发生冲突。

一、伦理冲突的发生

所谓伦理冲突，是指现实生活与伦理原则之间，不同伦理原则之间的矛盾。即面对某一特定事物时，如果按照某一个伦理原则去处理就会违背另一个伦理原则，从而陷入两难境地。

出现这种伦理冲突的根本原因在于人类社会利益的多元化。同一患者的利益诉求往往是多方面、多维度的，既有生命健康的需要，又有人格尊严的追求，还有正常社交的考虑，还包含家庭成员的感受……这些诉求绝大多数都是合理的、正当的。但有些时候，经常会出现诉求不一致的问题，从而造成冲突。

伦理冲突很难找到一种通用的解决方法。有观点认为，可以按照功利主义的逻辑，按照伦理原则冲突的各因素重要性进行排序，优先实现更重要、更本质的医学伦理原则。这样，无论何种选择都能使患者最重要、最核心的利益得以优先保全。也有观点认为，应该按照道义论的逻辑深究医疗行为中的动机，以主观动机良善的程度来决定优先适用哪一个现代医学伦理原则。也就是说，如果一个行为选择看似违反了某一个现代医学伦理原则，但该行为的动机是善良、正当的，则这种违反也是合理的。

这两种观点在不同情境下，对不同的经历者而言可能会有完全不同的判断。

二、医学伦理中的常见冲突形式

六项现代医学伦理的基本原则之间存在彼此冲突的可能。主要存在以下四种伦理冲突。

（一）生命权和健康权的冲突

首先，最常见也最尖锐的冲突，就是患者的生命权与健康权之间的冲突。在本书的阐述中“生命健康权”是作为一个整体概念提出的。但这是为了表述上的便利，实际上在一些特殊的场合下生命权和健康权两者并不一定完全重合，甚至可能出现严重的分歧。

1．深度昏迷患者的生命权和健康权冲突

在自然条件下，甚至在漫长的人类发展史上，人的“健康”和“生命”是高度一致的，不健康的个体极容易在严酷的自然环境下迅速死亡。然而随着科学技术的发展，即便个别健康状况较差的个体也能在现代医学的庇护下继续存活，甚至维持到正常寿命。如此一来，生命权和健康权就可能出现分歧，甚至渐行渐远。

2．生育方面的生命权和健康权冲突

自然人享有生育权，包括生育自由权、生育决定权、生育终止权等。在极漫长的历史里，人类的生育能力都是和父母双方的健康状况紧密相关。直到半个世纪之前，人类都很难想象，一对五六十岁的夫妇依然能够借助医疗手段生儿育女。

（二）不伤害原则的伦理冲突问题

前已述及不伤害原则是医学伦理的一个核心原则，主要约束医生的行为，尽可能减少医疗过程对患者生命、健康的不合理损害。

（三）审慎原则的伦理冲突问题

在医疗行为中，医生必须最大限度地保持谨慎，以保护患者的生命和健康。然而，医学研究必须进行临床试验。当然绝大多数新药的试验，都是在组织严密的临床试验研究中完成，并有专门的医疗伦理委员会把关试验方案。但有一种例外情况，可能和医学伦理中的审慎原则冲突，那就是超范围用药。

（四）保密原则的伦理冲突问题

对于医疗行为中获取的个人信息，其中就包括了患者罹患疾病的信息。医生有义务保密，这就是医学伦理中的保密原则。

然而，在一些特殊场合保密原则也会遭遇伦理冲突。例如，特殊情况下患者的疾病具有传染性，那么对患者之外的相关人是否应该恪守保密原则。从伦理原则上说，医生应当遵守保密原则，不应该告知他人。但对一些与患者具有亲密关系的人有被传染的风险，是否还要遵从这一伦理原则？

总之，上述几个伦理之间的冲突问题都是在日常的诊疗行为中客观存在的，并将在相当长的时间内继续存在下去。每一个问题，都涉及不同利益、不同利益主体之间的平衡，恐怕很难找到一个普适性的解决办法，只能具体问题具体分析。

三、本章结语

至此，医学伦理篇章的学习暂时告一段落，然而对医学伦理的探讨远不至此。

通识教育的医学伦理学习是为了让更多人更好地理解医学的意义、目标和局限性，从而更好地协调医生与患者的关系。医学所能做的永远是有限的，但医生的职责就是努力维护患者的生命和健康的完整，解除病痛、恢复功能。在这一前提下，医生和患者的利益根本上是一致的，理当互相信任。2023 年 2 月，国家卫生健康委等 4 部门发布《涉及人的生命科学和医学研究伦理审查办法》。提出，涉及人的生命科学和医学研究应当尊重研究参与者，遵循有益、不伤害、公正的原则，保护隐私权及个人信息。

现代医学技术飞速发展，既让医生变得越来越强大，也让普通人和医生之间的医学知识差距越来越大。患者与医生之间的相互信任，医生的高度责任感，两者“相向而行”才能达到治疗效果的最大化。此刻，医学伦理就在医生和患者之间搭起了一座沟通的桥梁，建立了双方在行为准则上的共识。

课后思考题

1. 医学伦理有哪些特殊性？
2. 医学伦理是怎么提出的？
3. 你如何认知《希波克拉底誓言》？
4. 现代医学伦理的基本原则是什么？
5. 现实生活中有哪些医学伦理冲突？

【拓展阅读】

《中国医师宣言》

中国医师协会于 2005 年 5 月，正式加入了国际推行的“新世纪的医师职业精神——医师宣言”活动。为了能够更好地结合中国的文化和国情，结合中国“大医精诚”传统理念，挖掘提炼中国医师的职业精神，在卫生部的指导和支持下，中国医师协会组织专家历时 2 年 8 个月，起草编写了符合中国语言特点的《中国医师宣言》并于 2011 年 6 月正式发布。

誓言如下：“我庄严宣誓，自觉维护医学的尊严和神圣，敬佑生命，平等仁爱，患者至上，真诚守信，精进审慎，廉洁公正，终身学习，努力担当增进人类健康的崇高职责。以上誓言，谨记于心，见于行动。”

生态伦理　第四章

人类最初作为自然存在物出现在地球上，并把自然作为其文化创造的背景舞台。然而，工业革命以来，人类文明变得越来越技术化、人工化，“技术圈”逐渐遮蔽和取代了“生态圈”。凭借先进的技术，人类似乎可以完全不依靠自然而建立一个技术化的“人工伊甸园”。我们应清醒地认识到自然是文明的根基。生态兴则文明兴，生态衰则文明衰。无论工业技术如何发达，人类都必须处理好人与自然，包括自然界中的其他动物、植物以及整个自然生态系统的关系。

第一节　生态伦理学是什么

生态伦理学是环境哲学的一个分支，根据现代科学所揭示的人与自然相互作用的规律，以道德为手段，从整体上协调人与自然的关系，它不是传统伦理学向自然领域的简单扩展，而是在人类反思生态环境问题的基础上产生的一门新兴学科。

一、生态伦理学的概念

生态伦理学是人与环境之间道德原则、道德标准和行为规范等的研究，是人与自然协同发展的道德学说。

生态伦理学又称环境伦理学，从伦理道德角度去关注自然环境问题，反对极端的生态中心和人类中心。正是由于人类征服自然的力量迅猛增长的同时，加剧了自然生态失衡，带来了一系列环境灾害，生态伦理问题才引发了人们的高度关注。二十世纪初到中叶，西方学者创立了这一学科理论。

生态伦理学实际上就是对生态环境的伦理关注。人类对待有生命的物体和无生命的物体，如动物、植物、微生物以及山林、湖海等，不仅要用法律规范，还需辅以道德手段来约束。尽管伦理和道德存在区别（前者侧重于客观的社会关系秩序，后者侧重于主体内在的品性），但是伦理和道德共同体现了“善”的价值和“好”的性质。因此，当今人们惯用的道德范畴已经被赋予了伦理的理解，包括精神品性、人生境界、情感态度、理想信念、行为规范等在内的极为丰富的内容，从而人们常常把生态伦理和生态道德当作同一范畴使用。

二、生态伦理学的产生背景

人类从诞生起就注定了与自然之间存在微妙的相互制衡的关系。随着人类的发展，尤其是在工业革命之后，科学技术有了巨大的发展，人类改造与支配自然的能力也得到了空前提升。但同时，人类对自然资源的消耗，对自然环境的破坏也变得如灾难般肆意蔓延，已经严重威胁到了人类自身的生存和发展。面对如此严峻的形势，人们开始重新审视自身的发展战略，重新反思人与自然的关系。

近代工业革命以来，科技的进步使工农业生产以前所未有的速度向前发展，特别是第二次世界大战以后，各国为了增长实力、发展经济，都加速了工业化进程，掠夺式地开发自然资源。工业文明在给世界带来福音的同时，也严重影响了自然环境。工业化和城市化进程带来了环境中的资源和原料的大量需求和消耗，而大量的工业生产和城市生活废弃物则排放到土壤、河流和大气中，最终造成了环境污染危机的多样化发展和全面爆发。时至今日，全球生态环境日益恶化的总体趋势仍未从根本上得到遏制。

面对生态环境问题，人们最初认为这是自然现象或者是“上天的惩罚”。后来人们认识到那是自然运行规律和人类行为联合作用的结果，于是把希望寄托在环境治理技术的发明和运用上。日复一日、年复一年，人力、物力、财力的巨大投入并没有从根本上解决环境问题。

人类永远不会停下发展的脚步。但在发展中，人类开始审视自己在解决环境问题过程中和开发利用自然资源环境过程中的成败得失。也就是在反思过程中，人们发现在开发利用自然环境养育自己的过程中鲜少善待自然环境。于是，人类应该如何对待自然环境？在人与自然环境构成的系统中，自然环境应处于什么地位？这些问题被提上了议事日程，生态伦理学应运而生。

三、生态伦理学的研究对象

伦理学的存在已有数千年。长期以来，传统的伦理学，无论是亚里士多德的伦理学、穆勒的伦理学，还是经典的马克思主义伦理学；无论是西方的伦理学，还是东方的伦理学，都基本属于人际伦理学的范畴，所阐述的道德基本上是人与人、人与社会之间的道德关系。也就是说，在传统的伦理学中，无论善恶等道德观念，义务、良心、荣誉、幸福等道德范畴，集体主义、英雄主义等道德原则，勿偷盗、勿奸淫、勿欺诈、团结、公正、友爱等道德规范，都主要针对人与人、人与社会之间的关系而言。

生态伦理学则不同，它是关于自然道德的学说。换言之，它研究的是人类与自然之间的道德关系。生态伦理学是一门以生态伦理或生态道德为研究对象的应用伦理学。它是从伦理学的视角审视和研究人与自然的关系。生态伦理不仅要求人类将其道德关怀从社会延伸到非人的自然存在物或自然环境，而且呼吁人类把人与自然的关系确立为一种道德关系。

生态伦理对当下全球生态系统中出现的环境道德现象加以理论概括和哲学探讨，研究生态道德的提出，生态意识的产生、发展规律及其特征，阐明生态道德的价值。其研究内容主要有生态善恶观、生态良心、生态正义以及生态义务等。

第二节 我国生态伦理思想概述

党的十八大以来，在习近平生态文明思想科学指引下，我国生态环境保护发生了历史性、转折性、全局性变化。习近平生态文明思想以科学的理论范畴、严密的逻辑架构、深邃的历史视野丰富和发展了马克思主义人与自然关系理论，对中华优秀传统生态文化进行创造性转化、创新性发展，为正确认识人与自然关系提供科学指导，为建构中国自主的生态文明知识体系提供科学指引。中华优秀传统生态文化积淀丰厚、博大精深，对于建设生态文明、推进人与自然和谐共生的现代化具有重要启示和借鉴意义。

一、中国古代传统生态伦理思想

生态文明建设是关系中华民族永续发展的千年大计，必须站在人与自然和谐共生的高度来谋划发展。人与自然和谐共生是推进生态文明建设的重要原则，是对人与自然关系的准确把握，是解读人与自然关系的核心理念。

（一）“天人合一”的生态伦理思想

中华文明历来崇尚天人合一、道法自然，追求人与自然和谐共生。中华民族在悠久历史进程中逐渐形成“天人合一、万物一体”的自然观，蕴含参天地赞化育的生生意识、“民胞物与”的生命关怀，体现人与自然和谐共生的朴素思想。儒家从天人一体、天人合道和天人合德三大方面阐述了丰富的“天人合一”理念；老子倡导与自然合而为一；庄子则主张“无以人灭天”。

（二）儒家的节俭仁爱思想

在我国传统思想文化中，节俭的观念形成较早。节俭由朴素自发的行为阶段上升为自觉理性的思想道德理论阶段，是由先秦儒家所完成的。不论是个人道德人格的完善，还是治国安邦的大局需要，俭约思想与勤俭行为都是不可或缺的，这一理念是儒家先哲们大力提倡的。儒家以节俭、适度为评判德行的标准之一。对于节俭、适度的生活观的关注，其根本原因在于儒家认为道德应该具有内在超越性。对自然资源的大量消耗，将使生态环境受到不可估量的破坏。这启示我们全社会应提倡节约自然资源和提高自然资源的利用效率，这不仅是人与自然的良性融合要求，更是人与人、人与社会、人与国家良性和谐的关键。儒家生态伦理思想在强调以时取物和顺时用物的同时，还主张以节用物、物尽其用、政在节财、强本节用、开源节流等，这些思想对现代社会中的人养成勤俭节约、绿色低碳的生活方式和习惯有着较大的根源性意义。

儒家“节用而爱人，使民以时”以及“用天之道”“分地之利”“谨身节用”“以养父母，此庶人之孝也”[①]等论述，主张节用人、事、物，以应天时、以用地

① 许嘉璐. 孝经[M]. 南京：江苏人民出版社，2019.

利，并将节用思想提高到“仁爱”“孝道”和“富国”的高度。儒家的生态伦理思想主张人与自然的和谐相处。儒家生态伦理思想中，“不违农时，谷不可胜食也；数罟不入洿池，鱼鳖不可胜食也；斧斤以时入山林，材木不可胜用也。谷与鱼鳖不可胜食，材木不可胜用，是使民养生丧死无憾也。养生丧死无憾，王道之始也。”要想做到“胜食”和“胜用”，便要尊重谷物耕作之“时”、鱼鳖生育之“时”和山林生长之“时”，从而做到以时取物和顺时用物，以至达到“使民养生丧死无憾”的“王道之始”。

（三）道家的“道法自然”理念

道家生态伦理的核心理念是“道法自然”，认为道是自然万物的本真状态，是一切自然万物的共相和共性，更是世间万物的本质源头。老子所云：“有物混成，先天地生。寂兮寥兮，独立而不改，周行而不殆，可以为天下母。……人法地，地法天，天法道，道法自然。”“道”之为物，其性状为“寂”而“寥”，不可捉摸，“道”不依靠万物而存在，而万物则依“道”而生，故而万物应顺应“道”之规律，遵循自然法则，从而做到道法自然。这里所讲的“道”就是“自然”，就是不依靠人类意志为转移而独立不改和周行不殆的自然规律。“道”囊括宇宙时空中的万物：“道生一，一生二，二生三，三生万物。万物负阴而抱阳，冲气以为和。”[①]万物被纳进“和”的统一整体性之中，万物在此整体性系统之中并育、并行互不妨害。“普天下有形之物各有其功，各有其能，各有其才，各有其用。”世界万物虽然形态、功能各异，但被“道”统一地融为一体：“以道观之，物无贵贱；以物观之，自贵而相贱；以俗观之，贵贱不在己。”

道家生态伦理思想承认并尊重万物各自内在价值，认为物无贵贱、万物一体。这种万物平等的生态伦理观，结合道家以“道”为本源的整体性系统观，将个体内在价值与自然整体价值融为一体。“天地与我并生，而万物与我为一。”[②]说明个体性价值的实现与整体性价值的完成密不可分、互为前提。因此，道家生态伦理思想认为应平等看待自然万物，顺应自然万物的发展规律，不可肆意地人为干扰自然万物的本初状态。要将人类欲望需求的满足规律与自然生态规律密切

① 张景，张松辉. 道德经[M]. 北京：中华书局有限公司，2022.

② 庄子，汪榕培，蔡华. 庄子[M]. 上海：上海译文出版社，2021.

结合、相辅相成，明白人类实践活动的“限制”和“限度”，使其顺应自然生态的内在发展规律，从而实现人与自然的和谐共生。

二、现代生态文明概述

生态环境是人类生存和发展的根基，生态环境变化直接影响文明兴衰演替。关于现代生态文明的重要内容。

（一）坚持人与自然和谐共生

人与自然是生命共同体。生态环境没有替代品，用之不觉，失之难存。当人类合理利用、友好保护自然时，自然的回报常常是慷慨的；当人类无序开发、粗暴掠夺自然时，自然的惩罚必然是无情的。人类对大自然的伤害最终会伤及人类自身，这是无法抗拒的规律。我们在发展中应坚持节约优先、保护优先、自然恢复为主的方针，要像保护眼睛一样保护生态环境，像对待生命一样对待生态环境，让群众望得见山、看得见水、记得住乡愁，让自然生态美景永驻人间，还自然以宁静、和谐、美丽。

（二）绿水青山就是金山银山

绿水青山就是金山银山阐述了经济发展和生态环境保护的关系，揭示了保护生态环境就是保护生产力、改善生态环境就是发展生产力的道理。绿水青山既是自然财富、生态财富，又是社会财富、经济财富。保护生态环境就是保护自然价值和增值自然资本，就是保护经济社会发展潜力和后劲，使绿水青山持续发挥生态效益、经济效益、社会效益。因此，必须贯彻新发展理念，加快形成节约资源和保护环境的空间格局、产业结构、生产方式、生活方式，把经济活动、人的行为限制在自然资源和生态环境能够承受的限度内，给自然生态留下休养生息的时间和空间。必须加快划定并严守生态保护红线、环境质量底线、资源利用上线三条线。

（三）良好生态环境是最普惠的民生福祉

环境就是民生，青山就是美丽，蓝天就是幸福。发展经济是为了民生，保护生态环境同样是为了民生。既要创造更多的物质财富和精神财富以满足人民日益增长的美好生活需要，也要提供更多优质生态产品以满足人民日益增长的优美生态环境需要。要坚持生态惠民、生态利民、生态为民，重点解决损害群众健康的突出环境问题，加快改善生态环境质量。生态文明是人民群众共同参与、共同建设、共同享有的事业，把建设美丽中国转化为全体人民自觉行动，使每个人都成为生态环境的保护者、建设者、受益者。

（四）统筹山水林田湖草沙系统治理

生态是统一的自然系统，是相互依存、紧密联系的有机链条。人的命脉在田，田的命脉在水，水的命脉在山，山的命脉在土，土的命脉在林和草。这个生命共同体是人类生存发展的物质基础。从系统工程和全局角度寻求生态环境治理之道，必须统筹兼顾、整体策划、多措并举，全方位、全地域、全过程开展生态文明建设。要深入实施山水林田湖草沙一体化生态保护和修复，开展大规模国土绿化行动。加快水土流失和荒漠化石化综合治理，实现从“沙进人退”向“绿进沙退”的根本转变，提升生态系统稳定性和可持续性。

（五）用最严格制度最严密法治保护生态环境

保护生态环境必须依靠制度、依靠法治。我国生态环境保护中存在的突出问题大多同体制不健全、制度不严格、法治不严密、执行不到位、惩处不得力有关。要加快制度创新，增加制度供给，完善制度配套，强化制度执行，让制度成为刚性约束和不可触碰的高压线。严格用制度管权治吏、护蓝增绿，保证生态文明建设决策部署落地生根见效。落实领导干部生态文明建设责任制，严格考核问责。

（六）共谋全球生态文明建设

生态文明建设关乎人类未来，建设绿色家园是人类的共同梦想。保护生态环境、应对气候变化需要世界各国同舟共济、共同努力，任何一国都无法置身事外、独善其身。我国已成为全球生态文明建设的重要参与者、贡献者、引领者，主张加快构筑尊崇自然、绿色发展的生态体系，共建清洁美丽的世界。深度参与全球环境治理，增强我国在全球环境治理体系中的话语权和影响力，积极引导国际秩序变革方向，形成世界环境保护和可持续发展的解决方案。坚持环境友好，引导应对气候变化的国际合作，推进“一带一路”建设，让生态文明的理念和实践造福沿线各国人民。

第三节　树立生态文明理念

马克思认为，“人靠自然界生活”，自然不仅给人类提供了生活资料来源，如肥沃的土地、渔产丰富的江河湖海等，而且给人类提供了生产资料来源。自然物构成人类生存的自然条件，人类在同自然的互动中生产、生活、发展，人类善待自然，自然也会馈赠人类，但“如果说人靠科学和创造性天才征服了自然力，那么自然力也对人进行报复”。自然是生命之母，人与自然是生命共同体，人类必须敬畏自然、尊重自然、顺应自然、保护自然。我们要坚持人与自然和谐共生，牢固树立和切实践行绿水青山就是金山银山的理念，动员全社会力量推进生态文明建设，共建美丽中国，让人民群众在绿水青山中共享自然之美、生命之美、生活之美，走出一条生产发展、生活富裕、生态良好的文明发展道路。

人与自然是生命共同体，人类必须尊重自然、顺应自然、保护自然。人类只有遵循自然规律才能有效防止在开发利用自然上走弯路，人类对大自然的伤害最终会伤及人类自身，这是无法抗拒的规律。我们要建设的现代化是人与自然和谐共生的现代化，既要创造更多物质财富和精神财富以满足人民日益增长的美好生活需要，也要提供更多优质生态产品以满足人民日益增长的优美生态环境需要。根据会议精神，按照生态伦理规范，建设生态文明，就必须树立正确的生态文明理念。

一、尊重自然

尊重自然，是人与自然相处时应秉持的首要态度，要求人对自然怀有敬畏之心、感恩之情、报恩之意；尊重自然界的创造和存在，绝不凌驾于自然之上，只有尊重自然才是人与自然相处的科学态度。

尊重自然，就要深刻认识到人类与自然是平等的，人类不是自然的奴隶，也不是自然的上帝，人因自然而生，人属于自然，而不是自然属于人；就要深刻认识到自然界是人类赖以生存和发展的基本条件，人类生活所需要的一切均直接或间接来自自然；就要深刻认识到一切物种均有生命，均有其独特价值，均是自然大家族中不可或缺的部分。人与自然不仅是共融共生的生命共同体，更是休戚与共的命运共同体。

近年来，高速公路、铁路等交通建设迅猛发展，人们在享受交通的便利时，却很少会考虑到对生态的影响。作为一个发展中国家，发展是非常重要的，但我们必须认识到生态环境对人们生活的重要性。同时，车辆伤害动物的现象越来越多地发生在我们身边，“交通死亡动物”这个词语大家并不陌生。受伤或者死亡，只是对动物直接的伤害。更可怕的是，道路阻隔让物种遗传多样性降低，同一物种基因出现不同的特征，从而影响动物的繁衍生息。

随着保护动物意识的觉醒，一些驾驶员看到动物过马路时，会主动减速，有的干脆停下来让动物先行，这是人性的亮点。但是，在高速公路上突然减速或者停车又可能会造成交通事故，非常危险。这就特别需要我们在建设公路、铁路时设置“动物通道”。在设计修建青藏铁路时，为了不影响野生动物的生活和迁徙，对于穿越可可西里、羌塘等自然保护区的铁路线，尽可能采取了绕避的方案。同时，根据沿线野生动物的生活习性、迁徙规律等，在相应的地段设置了野生动物通道，以保障野生动物的正常生活、迁徙和繁衍。设计野生动物通道时不仅吸纳了野生动物专家、环保部门的建议，还征求了当地牧民的意见。如青藏铁路唐北段和唐南段分别设置了野生动物通道 25 处和 8 处，野生动物通道形式有桥梁下方、隧道上方及缓坡平交 3 种形式。其中桥梁下方通道 13 处、缓坡平交通道 7 处、桥梁缓坡复合通道 10 处、桥梁隧道复合通道 3 处。此外，对于高山山地动物群，主要采取隧道上方通过的通道形式；对于高寒草原草甸动物群，主要采取从桥梁下方和路基缓坡通过的通道形式。

二、顺应自然

顺应自然是人与自然相处时应遵循的基本原则，要求人顺应自然的客观规律，按自然规律办事。包括人类在内的自然界是一个完整有机的生态系统，具有自身运动、变化和发展的内在规律，不以人的意志为转移。人利用和改造自然的实践活动只有适应自然规律，才能做到人与自然和谐相处。

顺应自然就是要使人类的活动符合自然界的客观规律，以制度约束人的行为，防止出现因急功近利和个人贪欲而违背自然界客观规律的现象。

畅销小说《狼图腾》讲述的是 20 世纪六七十年代一位知青在内蒙古草原插队时与草原狼、游牧民族相依相存的故事。该书于 2004 年 4 月出版后，被译为 30 种语言，在全球 110 个国家和地区发行，正版发行近 500 万册，连续 6 年蝉联文学图书畅销榜的前十名，也从侧面反映了人们对生态问题的关注。书中的主人公无法阻止农耕文化等原因对草原生态的破坏，只能看着牧民用现代武器杀狼，将仅存的狼驱赶到边境外，大片草原土地被开垦，导致草原上鼠害横行，大片的草原沙化。该书揭示出人类失去的不仅是草原和狼，而是平衡的生态系统、人与自然和谐共存的价值观，这终将导致人类生存环境的变异和人类自身文明的倒退。

罗马俱乐部的创始人佩切伊认为，人类依靠技术的改进去实现经济无限增长的想法是不切实际的、有害的，必将使人类陷入无法走出的困境。那么人类能否在超越自然极限之前保全自己呢？这取决于人类能否意识到顺应自然的重要性。

三、保护自然

保护自然是人与自然相处时应承担的重要责任。要求人发挥主观能动性，在向自然界索取生存发展之需的同时呵护自然，回报自然，保护自然界的生态系统，不能只讲索取不讲投入、只讲利用不讲建设。要把人类活动控制在自然能够承载的限度之内，给自然留下恢复元气、休养生息、资源再生的空间，实现人类对自然获取与给予的平衡，防止出现生态赤字或者人为造成不可逆的生态灾难。

塞罕坝被誉为“地球卫士”“塞外璀璨明珠”，每年为北京、天津输入净水。但是塞罕坝的秀美与壮阔的背后是一段曲折的历史。塞罕坝曾经水草丰沛、森林茂密，后来因为开围放牧、乱砍滥伐，逐步退化为“黄沙遮天日，飞鸟无栖树”的蛮荒山峦。在严峻的现实面前，从 1962 年开始，三代塞罕坝人在平均海拔 1 500 米的高原上，在年均大风日 53 天、积雪 7 个月、最低气温达零下 40 多摄氏度的恶劣环境里，历经 55 年的艰苦奋战，让“一棵树”成长为世界上最大的（面积达 112 万亩[①]）人工林，创造了“沙漠变绿洲，荒原变林海”的人间奇迹。

第四节 共同构建人与自然生命共同体

18 世纪以来，工业革命的传统经济发展模式为人类创造了前所未有的物质财富，造就了全球工业文明。但这一发展模式往往把一切自然资源和生态环境作为人类获取物质生活、生产资料的客观改造对象，甚至以“主宰者”的姿态凌驾于生态规律之上，蔑视自然，从而造成人身与心、人与人、人与自然生物、人与生态环境的割裂与分离。以追求物质财富、社会消费、经济总量、城市化扩张的极速增长为主要实践目的，忽视了人与自然万物、生态环境的和谐共生。

随着人类经济实践活动的进一步发展，人们越发清醒地认识到，作为经济发展模式的传统工业化文明形态已经不再适应人类生活生产实践活动的规律，不符合人类经济会发展的美好愿景。以尊重自然生态规律取代了以人类为中心的价值取向；以人类与自然生态环境的和谐共生关系取代了人类与自然生态环境的紧张关系；以经济社会的可持续发展取代了片面地不计代价地追求物质财富的极速增长；以合理、理性、绿色的社会消费取代过度、奢侈、浪费的社会消费方式；以环保、低碳、循环的经济生产模式取代了高污染、高耗能、高排放的工业模式。

一、建立新时代中国特色社会主义生态文明体系

新时代中国特色社会主义生态文明建设要求统筹当前发展和长远发展的需要，既积极实现当前的目标，又为长远发展创造有利条件，这是中国式现代化建设必须正确处理的一个重大问题。

（一）推动生态、经济与社会协调发展

传统工业文明形态将自然生态作为人类利用、改造的客观对象，以人类中心主义为价值指向，用片面而机械的哲学世界观指导人类的经济实践活动，肆意地

---

① 1 亩≈0.666 7 公顷。

攫取自然资源，造成了生态环境的严重失衡，形成了经济发展与生态保护之间关系的矛盾。这必将引发严重的社会危机，不可避免地造成了生态、经济、社会三者之间的对立。

生态文明与传统工业文明不同，它旨在维系人类与自然生态的和谐共生关系，不再以单向的经济指标作为人类发展的唯一标准，更不以单纯的经济“量能”考量人类经济社会发展的程度和成就。生态文明形态更加注重人类经济发展“质”的层面，综合考量人类身与心、人与人、人与社会、人与自然的协调统一，旨在实现人类社会的可持续发展和永续发展的美好愿景。在生态、经济、社会辩证统一的发展观框架下，不再以经济总量的多少来衡量人类的幸福与福利，更不再将人类的健康、审美和精神需求简单地还原为经济行为。

总之，生态文明发展模式冲破了传统发展模式的物质至上主义，取而代之的是一种生态主义的价值观和幸福观、福利观，本质上是对人类精神生活、审美能力的解放和提升，也必将促进生态、经济、社会的和谐统一、健康有序。

（二）实现生态生产力与物质生产力的共赢

人类的生活、生产实践活动必然依赖自然生态条件，或者说人类本身就是自然的一部分，因而需要以符合生态规律的方式从自然当中获取生产资料和生活资料。人类经济实践活动的开展依赖于人类与自然的共生关系，这也是马克思的“自然生产力”之意。因此不能片面地追求物质生产力“量”的增长，还需改善生态生产力“质”的保障。“我们追求人与自然的和谐，经济与社会的和谐，通俗地讲，就是要‘两座山’：既要绿水青山，又要金山银山。”“这‘两座山’之间是有矛盾的，但又辩证统一。”为此，我们要深刻反思和扬弃造成生态保护与经济发展对立的传统工业文明发展模式，提倡“绿水青山”的生态生产力与“金山银山”的物质生产力的辩证统一，正确处理好经济发展中的“质量”与“总量”的关系，把握好人类实践活动与自然生态规律的和谐统一，从而真正地实现人类经济与社会的可持续发展和永续发展。

低碳技术、环保科技、绿色循环生产模式、绿色能源应用技术、低耗能高效率生产技术等新型科学技术，为人类生态生产力与物质生产力的辩证统一发展提供了最好的时代契机。从根本上改变了高污染，高排放、高耗能、低效率的粗放型传统经济生产模式。据此，我们应当由粗放型投入生产资料和劳动力的传统生产模式转变为顺应生态规律、提高资源利用率、强调低碳排放的新型经济发展模式，以实现人类经济发展“数量”和“质量”的统一、“物质”和“精神”的统一、“人类”与“自然”的统一。

总之，以生态伦理为价值核心的生态文明形态反对人类与自然机械的对立，提倡在人类与自然生态和谐共生的关系中谋求经济的持续发展和健康发展，这既是对自然生态负责，更是对人类的未来负责。

（三）增进人类福祉促进社会和谐

随着世界工业化和经济全球化、城市化的进一步发展，人类经济社会活动加大了对自然资源的攫取力度，加深了人类与自然生态之间的对立矛盾，从而产生了资源枯竭、生态破坏、环境污染、气候变暖等严峻的生态危机问题，直接影响了人类的生存、生活质量。被世界工业化、城市化潮流裹挟的人们，虽然实现了物质财富的极大增长，但也导致产生生态失衡、空气污染、水源污染、食品安全问题、居住环境恶化、生活垃圾污染、城市内涝问题等一系列生态危机，严重损害了人类的健康和生存、生活质量，直接导致了现代人类幸福感的缺失，造成了人与人之间紧张的互动关系以及社会秩序的失衡。对自然资源肆无忌惮地攫取，导致了不可再生资源的枯竭，损害了人类的代际公平和可持续发展，进而引发贫富分化、发展不均衡等一系列社会性问题。

面对由生态破坏而引发的一系列社会性问题，一些有识之士开始深刻反省以往的发展模式，主张用生态伦理加以化解。如前文所言，生态伦理或环境道德旨在调解人类与自然生态之间的紧张关系，达成人与自然的和解与和谐。因此，人类清醒而自觉地认识到应当用生态伦理调节人与资源之间的关系，主张在与自然和解的过程中对人类自身完成精神上的救赎，将人类从传统的“物质至上”的桎梏中解放出来，以生态伦理的价值观念和行为规范约束自身，以达成身与心、人与人、人与社会、人与自然的和谐统一。

总之，必须根据生态伦理的理念，从根本上解决现代一系列生态危机问题和人类生存、生活环境恶化的问题，实现人类经济社会的永续发展，增加人类生活幸福指数，增进人类福祉，促进社会和谐。

二、构建合作共赢全球环境治理体系的伦理转向

作为完善全球治理和世界生态文明建设的中国方案，共同构建人类命运共同体和人与自然生命共同体的倡议正推动全球环境治理体系的伦理转向。

（一）生态伦理缺失影响全球环境治理

近代以来，人类更多的是痴迷于科技进步而不是伦理提升。科技快速发展和伦理道德思想边缘化，导致地球生态系统被肆意破坏，环境状况持续恶化。全球环境恶化主要是人类过度索取、过度排放所致，缺乏道德底线和对自然的敬畏感所致，说到底是伦理缺失的问题。

一是价值目标缺失。由于生态伦理价值目标的实现依然存在国界间共识误区，并非所有国家都能真正意识到人类是一个生态共同体、人与自然是一个生命共同体，或者即使意识到，但在自身经济发展时却难以真正将人类生态共同体理念考虑进去。因而离达到推进全球环境治理，进而构建人类命运共同体作为共同追求的价值目标的距离还有很长的路要走。

二是责任意识薄弱。对全球环境治理而言，一些国家作为主要行为体，却缺乏为人类及其他物种的繁衍生息承担责任的意识。其结果便是各国是否参与、在多大程度上参与全球环境治理，完全自主决定，最终陷入难以实现集体行动的困境。

三是推进动力不足。当前全球环境治理好比一辆二轮推车，只有科学之轮和制度之轮，缺少提供牵引力的伦理之轮。加之在治理目标设定和责任划分方面存在重大分歧，各国难以真正齐心协力，导致国际合作治理的力度与全球环境变化的程度不匹配。

（二）全球环境治理需要伦理指引

全球环境治理需要伦理指引，否则就会迷失方向。人类命运共同体理念通过倡导人与自然是生命共同体以及各国命运共同体，构成对自然规律和社会规律的本质揭示，并为人与人关系、国与国关系和人与自然关系确立了环境保护的社会伦理、国际伦理和自然伦理。这三种伦理叠加而成的全球生态伦理正在推进全球

环境治理。

一是确立价值目标。人类命运共同体呼吁各国弘扬人类命运与共的全球伦理精神，培养同舟共济、共生共荣的全球伦理意识，最终把生态危机隐现的“地球村”建设成为一个清洁美丽的世界。这就确立了全球环境治理的价值目标。

二是强化责任意识。人类命运共同体的要义就是承认人类，包括个人和国家，应基于身份担起应尽的责任。由于人类只有一个地球，各国共处一个世界，人类命运共同体首先是一个责任共同体，各国都应当有保护全球环境的责任意识和担责意愿。

三是增强推进动力。由于国家之间在相关责任的分担上分歧严重，加之一些国家“搭便车”，全球环境治理的推进动力严重不足。而人类命运共同体为国家间关系确立了一种新范式，通过遵循共商共建共享原则，革新传统逻辑，强化国家保护环境的责任意识，为全球环境治理提供了新动力。

（三）命运与共识下的全球环境治理需要伦理转向

由于全球生态危机的日趋严重，各国已然形成一个生死相依的命运共同体。如同坐在同一艘因发生故障而危在旦夕的太空船上，此时必须践行人类命运共同体理念，才能避免自身的毁灭。为此，改善全球环境治理需要进行伦理转向。

首先，进行动力系统的全面升级，即从二轮推车升级到三轮推车。由于对污染环境缺乏负罪感，人类一直以来仅依靠科技和制度驱动全球环境治理，有效性和公平性不足。在构建人类命运共同体时代，应给全球环境治理增加“伦理之轮”，全面改进全球环境治理的动力系统，加快治理步伐。

其次，对价值取向适度校准，从国际环境正义到全球生态正义。为了建成人类命运共同体所倡导的普遍安全和清洁美丽的世界，全球环境治理需要超越发达国家与发展中国家之间的国际环境正义，追求全球生态正义。全球生态正义致力于在发达国家与发展中国家、富人与穷人、当代人与未来世代之间，实现环境利益的公平分享、环境风险的公平分担、环境责任的公平分配。此外，人类还要考虑其行为对其他物种的影响，因为人类与其他物种也是一个生命共同体。

最后，对治理支点进行根本转换，即从国家环境主权到全球生态责任。对于全球环境治理来说，人类命运共同体揭示出人类“共在与共荣”，各国应共商共建共享，更重要的是应共担，即共同承担环境保护责任。在主权国家对环境保护的作为或不作为都会给其他国家带来严重影响的当代，需要给主权国家设定相应的环境保护责任，使其不再推卸应承担的相关责任，使“共同责任”与“有区别责任”之间实现联动。

三、加强生态伦理教育的必要性

知与行是统一的，没有知就没有行，没有行就没有知，因此，必须做到知行合一。生态伦理教育之所以是必要的，最直接、最根本的原因在于人类生态道德品质的形成有其历史特点，即个体生态道德品质的形成不是自发的，而是必须通过外部灌输的。

教育是生态伦理发展的重要途径，它可以使受教育者从生态无知变为有知，从对生态道德文化知之不多转化为知之较多。知其善才能行其善，了解和掌握必要的生态知识，是公民履行生态责任的前提。公民的生态道德素养较低往往与生态教育不足、生态知识素养缺乏有关。“与此同时，还要把生态破坏造成的严重后果呈现给受众，以强烈的视觉冲击力唤醒公民内心深处的责任感，不断激发生态觉悟；促使他们在现实生活与工作实践中自觉反思和审视自己的需要、欲望与行为，进而不断矫正自己的不合理需求、克制不良欲望并减少盲目行为，实现生产方式、生活方式、消费方式的绿色化。”

在全球生态危机加剧的大背景下，生态伦理教育作为一种重要的素质教育形态越来越受到社会的广泛重视。生态伦理教育既是构建当代社会生态文明的需要，也是调适新型天人关系的需要，还是全面推进素质教育的需要。生态伦理教育旨在以可持续发展和永续发展的理念审视人与自然的伦理关系，从生态视角思考物种之间、人与人之间、代与代之间应有的平等和谐关系。

四、生态伦理思想的教育路径

生态伦理教育不能靠单一的“说教”与灌输，而必须推动生态伦理思想观念通俗化、大众化、社会化，即采取镶嵌式、互动式、体验式等多种方式宣传生态伦理、生态文化知识，让生态伦理教育变得更加生动、更有趣味性、更加灵活多样。

（一）将生态伦理教育在校园文化中传承发展

推进传统生态伦理思想进课堂、进校园，使其渗透到校园文化生活的各个方面。这既是生态伦理教育的重要途径，也是丰富拓展校园文化的有效手段。同时，要以生态伦理融入校园文化为契机，培育广大师生对自然、对环境的强烈责任感和使命感，确立生态价值观念，正确认识和把握人与自然的辩证关系，自觉地按照生态伦理思想约束和规范自身行为，养成热爱自然、保护动植物、维护优美环境的良好习惯。

（二）致力营造浓厚的家庭生态道德教育氛围

家庭教育是中国传统文化的重要组成部分，是个人修身养性的起始发端，也是社会公序良俗的底蕴基石。从古至今，中华民族秉持着尊重自然的理念，许多教人厉行节约、崇尚自然的名言、故事代代相传，形成了一套以悯惜生命、尊重自然和珍惜资源为核心的生态伦理智慧。中国传统家庭教育中的生态伦理智慧，既具有强烈的中国特色，又具有普遍的人类价值，对于解决现代社会的环境和资源问题、构建和谐的人与自然关系、推进生态文明建设具有非常重要的意义。夏朝就有古训："春三月，山林不登斧斤，以成草木之长；夏三月，川泽不入网罟，以成鱼鳖之长。"人与自然是生命共同体，人类必须尊重自然、顺应自然、保护自然。当代家庭教育中可充分利用诸如此类的生态故事，用"锄禾日当午，汗滴禾下土。谁知盘中餐，粒粒皆辛苦"等古诗、名言警句培养家庭成员热爱自然、勤劳节约、简朴反奢的良好德性。生态文明建设是关系中华民族永续发展的根本大计。深入挖掘中国家庭教育中的生态伦理智慧，结合中国社会发展进行现代性转化，是构建中国特色生态伦理理论、推进中国生态文明建设的必由之路。

（三）推进生态伦理思想教育还应致力于社会教育

社会教育是比家庭教育、学校教育更为宽泛的教育形态，往往包括社区教育、单位职业教育、公共教育、特色教育、大众教育、职业教育和继续教育等。社会教育是直接面向社会又以社会、政治、经济为背景的教育类别，它比学校教育、家庭教育具有更广阔的活动余地，影响面更为广泛，更能有效地对整个社会发生积极作用。一方面，借助社会教育可以拓展生态伦理影响的群体范围，让爱自然、爱环境在整个社会蔚然成风；另一方面，还需创新生态伦理社会教育的内容与形式。例如，编写通俗易懂、易于接受的生态伦理社会教育教材；利用现代化的科技手段传播生态伦理和环境道德知识；设立生态教育基地，让受众接受生态道德教育更加便捷和直观可感等。

课后思考题

1. 生态伦理学的研究对象是什么？
2. 为什么需要关注生态伦理问题？
3. 生态伦理的核心内容是什么？
4. 习近平生态文明思想的主要内容包含哪些？
5. 如何达到人与自然的和谐相处？

【延伸阅读】

努力推动实现碳达峰、碳中和目标

2020 年 9 月 22 日，国家主席习近平在第七十五届联合国大会一般性辩论上发表重要讲话，中国将提高国家自主贡献力度，采取更加有力的政策和措施，二氧化碳排放力争于 2030 年前达到峰值，努力争取 2060 年前实现碳中和。2021 年 9 月 21 日，国家主席习近平在第七十六届联合国大会一般性辩论上发表重要讲话，中国将力争 2030 年前实现碳达峰、2060 年前实现碳中和，这需要付出艰苦努力，但我们会全力以赴。充分表达了中国实现这一战略目标的决心。2021 年 10 月，《中共中央　国务院关于完整准确全面贯彻新发展理念做好碳达峰碳中和工作的意见》发布，对努力推动实现碳达峰、碳中和目标进行全面部署。

一、实现碳达峰、碳中和目标意义重大

推动经济社会高质量发展的内在要求。高质量发展内涵丰富，涉及供给、需求、资源配置、经济循环等方方面面，而绿色、低碳、可持续是其中的重要内容，也是新发展阶段、新发展理念、新发展格局的内在要求。碳达峰、碳中和有利于建立健全绿色低碳循环发展的经济体系，建立清洁、低碳、高效、安全的现代化能源生产和消费体系，加快形成绿色生产方式和生活方式，助推经济社会发展全面绿色转型。碳达峰、碳中和目标愿景的提出将中国的绿色发展之路提升到新的高度，将成为未来数十年中国经济社会高质量发展的主基调。

深入推进生态文明建设的必然选择。“十四五”时期，中国生态文明建设进入了以降碳为重点战略方向、推动减污降碳协同增效、实现生态环境质量改善由量变到质变的关键时期，碳达峰、碳中和是深入推进生态文明建设的必然选择。中国将碳达峰、碳中和纳入生态文明建设整体布局，有利于推动污染源头治理，实现降碳与污染物减排、改善生态环境质量协同增效；有利于减缓气候变化特别是由此造成的极端天气带来的不利影响，减少对人民生命财产和经济社会造成的损失；有利于促进生物多样性保护，提升生态系统服务功能。实现碳达峰、碳中和目标是一场广泛而深刻的经济社会系统性变革，将推动中国走出一条生态和经济协调发展、人与自然和谐共生的可持续发展之路。

全球应对气候变化的共同责任。当前，全球应对气候变化形势紧迫，日益严峻的气候危机是摆在全人类面前的又一场严峻大考，需要世界各国协同行动、携手应对。2015 年通过的《巴黎协定》指明了全球应对气候变化的最新努力方向，是保护地球家园需要采取的最低限度行动，各国必须实施务实举措。中国作为世界上最大的发展中国家，向国际社会做出“力争 2030 年前实现碳达峰、2060 年前实现碳中和”的庄严承诺，彰显了负责任大国的使命担当，将为全球能源与气候治理合作注入强大动力，为世界创造巨大的绿色低碳发展机遇，是构建人类命运共同体的务实之举。

二、实现碳达峰、碳中和目标的主要路径

构建清洁低碳安全高效的能源体系。一是多元化发展非化石能源。锚定2030年以上的目标，大力发展风电和太阳能发电；坚持生态优先，科学布局开发建设水电站；在确保安全的条件下，积极有序推进核电建设；因地制宜推动生物质能、地热能等其他可再生能源的开发利用。二是完善能源市场化机制。着眼建设全国统一的电力市场体系，加快构建和完善中长期、现货和辅助服务统筹协调的电力市场体系，进一步扩大市场化交易规模，不断释放改革红利。推动电力交易机构独立规范运行和增量配电试点项目落地，推动电网企业剥离装备制造等竞争性业务。三是完善能源产供储销体系。全力维护能源供需动态平衡，妥善应对处置能源领域突发事件，增强能源对经济社会发展的系统化保障能力。

加速产业结构调整优化。一是推动传统产业优化升级。强化科技创新引领作用，加快推进经济发展新旧动能转换。严格落实钢铁等行业产能置换政策，加大落后和过剩产能淘汰力度，持续推进处置“僵尸企业”，鼓励企业兼并重组。加强“两高”项目节能审查，把好新上项目的节能环保低碳源头关。二是加快培育发展战略性新兴产业。加快发展以新一代信息技术、高端装备制造、新能源等为代表的战略性新兴产业，加快培育和壮大经济发展新动能。推动互联网、大数据、人工智能同实体经济深度融合，推动制造业加速向数字化、网络化、智能化发展。三是加快发展现代服务业。推动先进制造业和现代服务业融合发展，培育两业融合发展的新业态新模式。推动现代服务业和传统服务业相互促进，加快服务业创新发展和新动能培育。

推动重点领域节能降碳。一是突出重点领域。以冶金、建材、石化、化工、电力等行业为重点，扎实推进节能降碳工作。加大交通运输结构优化调整力度，推动“公转铁”“公转水”和多式联运，推广节能和新能源车辆。推动建筑领域绿色低碳发展，加快推进既有建筑节能改造，推进近零碳排放示范项目建设和碳中和试点示范建设。二是深入实施绿色化改造。充分挖掘存量空间，在节能降碳重点行业深入开展绿色化改造，优先选择化石能源替代、原料工艺优化、产业结构升级等源头治理措施，统筹开展大气污染物和温室气体协同控制试点示范。在工业园区大力推行循环经济，鼓励资源综合

利用，协同推进节能减污降碳。

激发绿色技术创新活力。一是加快关键核心技术研发创新。建立基于全球合作的低碳科技创新体系，推动高能效、资源循环利用、零碳能源、负排放等领域关键共性技术、前沿引领性技术、颠覆性创新技术的研发创新，部署一批具有前瞻性、系统性、战略性的低排放技术研发和创新项目，突破关键材料、仪器设备、核心工艺、工业控制装置等方面的绿色技术瓶颈，打造全球低碳科技创新中心。二是加速绿色低碳科技成果转化应用。采取政府购买服务等方式，健全绿色技术创新公共服务体系，扶持初创企业和成果转化。引导各类天使投资、创业投资基金、地方创投基金等支持绿色技术创新成果转化。设置分类科学、合理多元的绿色技术评估评价体系，强化目标任务考核和现场验收，重点考核技术的实际效果、成熟度与示范推广价值。

完善绿色低碳政策和市场化机制。一是加大政策支持力度。加强政府性资金预算绩效管理，提高资金使用效率。充分发挥政府性资金引导作用，带动社会资本投资。深化资源税改革，落实税收优惠政策，完善环境保护税制，健全绿色低碳税收优惠制度。推进资源环境类价格改革，强化节能环保电价机制，完善差别化电价政策、峰谷电价形成机制、绿色行业用电支持政策。二是加大绿色金融支持力度。创新绿色融资产品和渠道，强化绿色金融标准体系，创新环境权益金融市场。三是发挥好市场化机制的促进作用。统筹碳排放权、用能权、节能量、绿证交易、绿色电力交易等相关市场化机制，加强政策机制间有机衔接。

巩固提升生态碳汇能力。一是强化国土空间规划和用途管控。划定落实生态保护红线、永久基本农田、城镇开发边界以及各类海域保护线；严格管控自然保护地范围内非生态活动，稳妥推进核心区内居民、耕地、矿权有序退出。二是巩固提升绿色碳汇能力。以林业和草原为重点，推进大规模国土绿化，增加森林、草原、湿地等资源总量，增强生态系统功能，加强资源保护及灾害防控，协同做大碳汇增量；制订林业和草原碳汇行动方案，深化集体林权制度改革，加快推进生态产品价值实现机制建设，完善生态补偿机制；开展湿地治理与修复，注重湖泊、河口等淡水湿地资源的保护与恢复。三是大力开发蓝色、棕色碳汇潜力。开展海平面监测评估、蓝色碳汇研究及试点工作，推动海洋生态修复。有效发挥土壤、冻土的固碳作用，挖掘棕色碳汇空间，提升生态系统碳汇增量。

加强应对气候变化国际合作。坚持在多边框架下开展气候变化国际合作，积极推动《巴黎协定》全面有效落实。积极推动中美之间气候领域对话与合作，深化中欧绿色合作伙伴关系。加强绿色"一带一路"建设，制定中国在"一带一路"国家投资项目的应对气候变化指引，限制高碳项目投资，帮助"一带一路"国家经济绿色复苏，实现可持续发展目标。利用签署《区域全面经济伙伴关系协定》的契机，进一步加强与东盟在绿色发展和可持续贸易领域的全面合作。

营造绿色低碳生活新风尚。一是加强宣传引导。利用网络、电视、纸媒等宣传载体，以及节能宣传周、全国低碳日、世界环境日等时机，搭建多层次、全方位信息传播渠道，做好公益广告和主题宣传，提升全社会绿色低碳意识，倡导简约适度、绿色低碳的生活方式。二是鼓励绿色消费。建立统一的绿色产品标准、认证、标识体系，完善绿色产品推广机制，扩大绿色产品供给，提高节能低碳产品市场占有率。开展节约型机关、绿色家庭、绿色学校、绿色社区等创建行动，建立有助于绿色生活的政策和管理制度，形成崇尚绿色生活的社会氛围和消费习惯。

三、积极践行绿色低碳转型发展成效显著

能源结构持续调整优化。一是能源供给结构更趋合理。经过多年发展，中国能源生产和供应能力显著提高，能源供给结构持续优化，原煤占比从2015 年的 72.2%下降到 2019 年的 68.6%，天然气占比从 2015 年的 4.8%上升到 2019 年的 5.7%，一次电力及其他能源占比从 2015 年的 14.5%增加到2019 年的 18.8%。二是能源消费结构更趋低碳。积极推进节能降碳和大气污染防治，不断优化能源消费结构，可再生能源持续快速发展，风电、光伏发电装机容量和发电量均居世界首位，非化石能源消费占比从 2015 年的 12%增加到2020 年的 15.9%；煤炭消费占比从 2015 年的 63.8%下降到 2020 年的 56.8%。

产业结构持续调整优化。在工业领域，"十三五"期间，中国钢铁行业提前完成 1.5 亿吨去产能目标，规模以上工业中高技术制造业、装备制造业增加值占比明显提高，第二产业增加值占比下降 3 个百分点，服务业增加值占比提升 3.8 个百分点。在建筑领域，绿色发展取得显著成效。截至 2018 年年底，全国城镇建设绿色建筑面积累计超过 25 亿平方米，绿色建筑在城镇新建民用建筑中的比例超过 40%。在交通领域，企业运转更加高效，绿色公交普惠民生。2019 年，监测的城市公交企业百车公里单耗从 2015 年的 48.9 千克标准煤降低到 38.1 千克标准煤，下降了 22.1%；全国拥有公共汽电车 69.33 万辆，其中纯电动车占比从 2016 年的 15.6%增加到 46.8%。

节能低碳新技术、新装备普遍推广。截至 2019 年年底，钢铁行业大中型企业中，干熄焦技术普及率从 2005 年不足 30%增加到 92%以上；水泥行业低温余热回收发电技术从 2005 年开始起步增加到 80%以上，第一代新型干法水泥技术推广率达 99%，目前已研发示范第二代新型干法水泥技术；电力行业 300 兆瓦特以上火电机组占火电装机容量比例由 2005 年的 47%增加到 81%，钢铁行业 1 000 立方米以上大型高炉比例由 2005 年的 21%增加到 50%，建材行业新型干法水泥熟料产量比例由 2005 年的 39%增加到 99%。有关部门和机构积极推广节能低碳技术产品，发布了多批次、多领域重点节能低碳技术推广目录和典型应用案例。

碳排放权交易市场稳健发展。碳排放权交易市场是利用市场机制控制和减少温室气体排放、推进绿色低碳发展的重要举措，也是实现碳达峰碳中和目标的重要政策工具。中国碳市场从无到有、试点先行、区域起步、稳健发展，经过多年实践探索，2021 年 7 月，全国碳排放权交易市场正式启动，纳入发电行业重点排放单位的超过 2 000 家，涉及的碳排放量超过 40 亿吨，成为全球规模最大的碳市场，中国碳减排进程进入新的发展阶段。

有助于节能降碳的制度体系不断完善。持续完善节能降碳领域的财政、税收、价格政策，建立健全用能权交易、合同能源管理等节能市场化机制；绿色金融从无到有、快速发展，成为绿色发展的重要助推器。截至 2020 年年末，中国本外币绿色贷款余额约 12 万亿元，存量规模位居世界第一；绿色债券存量约 8 000 亿元，位居世界第二。强化节能领域事中事后监管，累计对 2 万家以上高耗能企业实施节能监察，主要高耗能行业基本实现全覆盖；加快推进重点用能单位能源计量体系建设，提高能源管理精细化水平，促进互联网与节能工作深度融合，提高节能宏观调控能力；连续实施“百项能效标准推进工程”，强制性标准和推荐性标准整体协同推进，国家节能标准体系不断完善。

深度参与全球气候治理。与各方一道积极推进《巴黎协定》实施细则谈判，推动建立公平合理、合作共赢的全球气候治理体系。积极参与双边、多边国际能效合作，推动落实《G20能效引领计划》。加强与《联合国气候变化框架公约》秘书处，联合国教育、科学及文化组织，世界粮食计划署，联合国粮食及农业组织等部门和组织在气候变化南南合作领域的交流合作。在北京成立“一带一路”绿色发展国际联盟，促进“一带一路”沿线国家和地区加强生态环境保护，实现绿色可持续发展。进一步提升亚洲基础设施投资银行在应对气候变化、促进绿色发展中的作用，通过资金动员、能力建设、促进技术转让等方式，帮助各成员国增强应对气候变化的能力。

思考：结合生态伦理学思考如何打好实现碳达峰、碳中和这场硬仗？

第五章 法治伦理

法治是一项以人的需要为起点，并以人的幸福为归宿的事业。但凡攸关人之需要和幸福的事业，都有其内在的伦理法则，法治亦然。法治必须是道德的。从古至今，法律与道德伦理是否相容的讨论从未间断，伦理入法是历史的必然。一般而言，法律的产生都会基于一定的道德背景和道德动机。脱离了道德，法律几乎难以产生，而法律发展的过程本身就是伦理法律化的过程。现代法律制度的发展完善，更需要正确的伦理导向，才能实现人与人、人与社会、人与自然之间的和谐相处。实践证明，现代法治的正当性至少应满足人本、人道和人文三项最低限度的伦理法则。

第一节　法治伦理概述

一、何为法治伦理

法治是治国方略，对我国社会发展来说具有里程碑的意义。我国的法治化建设是复杂境遇与多种压力下构建和实施的社会系统工程。秩序的形成是一个社会的政治、经济乃至文化的基础，而安定有序是形成社会主义和谐社会的必要条件和基本标志。作为社会控制的工具，法律必须具有一定的伦理性。

伦理是指在处理人与人、人与社会和人与自然之间相互关系时应遵循的道理和准则，是从概念角度上对道德现象的哲学思考。而法治就是“法的统治”。法治是一种贯彻法律至上、严格依法办事的治国原则和方式。对现代中国而言，法治国家、法治政府、法治社会一体化建设才是真正的法治，实践中更需要全面推进科学立法、严格执法、公正司法、全民守法。

基于以上概念可知，法治伦理所探究的是法治过程中的道德性，其目标在于使伦理要求在相应的社会机制中得以实现。法治伦理性就是法治的“合伦理性”，即法治与特定社会、特定时代的伦理思想在总体上的一致与符合。法治必须是合伦理的，即道德的。但法治合伦理性并不意味着具体伦理规范直接进入法律之中并成为法律条文，而是伦理的精神实质和价值取向为法律所选择或吸收，并在法治过程中得到充分体现。

二、法治伦理的基本原则

法治的伦理品性，不仅体现于法治的道德根基上，而且体现于法治的伦理使命上。真正的法治，不仅要基于“善”，而且要为了“善”，而这个善是全面的动态体系，显现为法治的目的与手段的伦理统一。由此可见，法治是一个带有价值追求的概念，是对人类关于法律社会实践的一切合理价值的高度抽象。

（一）人本是法治逻辑起点的道德法则

法治注重的是现实社会关系的调整，规范的是人的具体行为，保障的是社会成员的权利和利益，最终实现稳定合理的社会秩序。因此，法治的核心关怀必然是人。

正因如此，人是法治之逻辑起点。

首先，人是目的，这是法治的最高原理和绝对命令。全部人类历史的第一个前提无疑是有生命的个人的存在。所以，有生命的个人是人类一切创造的源泉所在，也是人类一切创造的目的所在。人是非工具性的个体存在。对于法治而言，人具有绝对的价值，而且人的这种价值不为任何功利所兑换。平等是法律意义上的平等，把每个人都视为人格尊严平等和社会地位平等的独立法权人格，每个人都享有受到法律保护的平等权，每个人也都必须平等地遵守法律，违反法律的都必须平等地得到法律的追究和惩罚。平等不仅应该是民法的基本原则，也应该作为其他一切法律的基本原则。人是目的作为一项普遍的法治原则，对任何人都是平等的，否则就不存在法治的普遍效力。

其次，满足人的需求，这是法治恒久不易的动因。人本主义哲学大师马斯洛指出：人是一种不断需求的动物；人的一生几乎总是在希望什么，并执着地追求着这些需求的满足；人因需求所引发的行动都趋向于成为主体人格的一种表现形式，从中我们可以看出他的安全感水平、他的自尊、他的精力、他的智力等各种情况。法治是以公正的方式保障最多人数的不同层次的需求，无论是对安全的需求，还是对自尊的需求。

最后，保障人的权利，这是法治的终极关怀。对人之权利的保障，首先意味着对人之为人的基本人权即生命、自由、财产的尊重和保障。对生命、自由等的保护是法律神圣且永恒的追求。而对于财产必要的保护则是对于人的实质性保护，只有具有了生存所必需的物质财产，人才能够生存；只有拥有了合理的财产，人才能够获得发展；只有具备了能够生存和发展的人，社会、国家才有存在的可能性与必要性。因此，人的自由、尊严、幸福和全面发展等权利应成为个人、群体、社会和政府的终极关怀。

（二）人道是法治价值导向的道德法则

以人民为中心的理念，以维护和促进社会公平正义为核心价值追求，新时代法治价值将不断推进权利保障、权力监督、公平正义。坚持以人为本，体现在法治层面，就是一切立法、执法和司法活动都要以人的需要和权利为出发点和目的，充分尊重和体现人的价值，为充分发挥人的主体作用提供良好的法治环境。在法律——尤其是法治上体现对人道德上的尊重则无疑是国家责任中的应有之义。

首先，引人向善，即法治应当能够激发并且引导人类向善的天性。亚里士多德认为“万物都是向善的”，同时“一切技术、一切研究以及一切事件和选择，都以某种善为目的”。但在所有善中，唯有“属人的善”才是政治科学的目的。任何法治都应当以引导人类善性弘扬为指向。或者说，任何一类法治都不应当成为助人为恶的根据。此即要求所有的法治都应当有助于每个人趋利避害，实现自我完善和全面发展。

其次，提升美德，即法治应当有助于公民美德的塑造和提升。文明是人类社会发展进步的标志和目标，是人类所创造的物质财富和精神财富的总和。道德是实践理性的自觉选择。我们常说，法律是成文的道德，道德是内心的法律。在我国，应以习近平法治思想为指导，不断提升公民法治素养，才能为建设法治中国提供长久坚实的思想基础和群众基础。以法治承载道德理念，道德才有可靠制度支撑。因此，法律法规要树立鲜明的道德导向，弘扬美德义行；立法、执法、司法要体现社会主义道德要求，把社会主义核心价值观贯穿其中，使社会主义法治成为良法善治。

（三）人文是法治运行条件的道德法则

人文就是人类文化中的先进部分和核心部分，是人类文化中的先进的、科学的、优秀的部分，即先进的价值观及其规范。集中体现在重视人、尊重人、关心人、爱护人。简言之，人文即重视人的文化。由此可以看出，人文是人对于人类存在的思考，是对人的价值、人的生存意义的关注；是对人类命运与幸福、人类痛苦与解脱的思考与探索。符号是文化的基础，价值观是文化的核心，而规范，包括习惯规范、道德规范和法律规范，则是文化的主要内容。所以，人文既是一个与人性密切相关的概念，也是一个与文化、传统等密切相关的范畴。法治的人文原则，强调法治必须关注人本身的固有秉性、人存在的文化内涵以及人生活的传统智慧。对此，可以从以下三个层面来理解。

第一，尊重人本身的固有秉性。何谓人之固有秉性？杰里米·边沁说：大自然将人类置于苦乐两大主宰之下，人的天性就是避苦求乐；人类所做出的一切行为都是受避苦求乐之本性所支配，这就是功利原则的核心所在。他认为，谋求功利是人行为的动机，也是判断是非与善恶的标准，也是自然人和政府活动必须遵循的原则，因而也是道德和法治的原则。边沁将法律视为功利主义得以实现的工具，认为一个人通过使一般幸福最大化而总能获得其自身的最大幸福，需要在立法改革完成之后才能实现。由此，最好的法治就是达到“最大多数人的最大幸福”，最好的法治就在于促进社会幸福。因而人文原则就要求法治应当关注人类利益的最大化，并以增进绝大多数人的幸福为目的。

第二，尊重人存在的文化内涵。“人文”一词最早出现在《周易》贲卦（六十四卦之一），“文明以止，人文也”，贲指修饰。修饰出美，故曰“美在其中”。而文化掺进了人类自身的一种文饰或者雅饰，以便更加人性化、人道化。

法治思想的基本原则包含着深刻的“敬人”理念。法治的价值是法治因其性状和属性而对人的需要之满足的效用。文化乃立人之本，也是人与人性的一种本质规定，是人成其为人的永恒不易的准则。黑格尔指出："人格一般包含着权利能力，并且构成抽象的从而使形式的法的概念，和这种法的本身也是抽象的基础。所以法的命令是'成为一个人，并尊敬他人为人'。"既然人的行为和人本身都是一种文化的存在，并以文化为准则，既然一切法律都是以人为主体同时又是以人的行为为规范对象的，那么法治也就理所当然地以文化为准则。一切形式的法治，只有在人化或文化的社会中才具有普遍的约束力。

第三，尊重人之尊严的终极导向。以人的存在为核心的导向是法治的基本原则，法治承载着以人的尊严为导向的价值理想。人类之所以创设并追求法治，其目的就是维护人的尊严。现代社会中，法治成为维护人的尊严的必要条件。人是理性和智慧的动物。我们既能从普遍人性中发现合乎理性要求的原则和制度，也能从过去的失败和惨痛经历中吸取教训。通过各国法治思想的历史发展脉络、法治体系的不断完善可知，人的尊严是人固有的内在价值，在价值体系中处于终极价值的地位，法治与人权一样派生于人的尊严，并构成其内在价值。

我们所面对的每一个人都不是简单的生物学意义上的人，而是社会文化体系的继承者和承载者。当我们企图通过法治来规范人之行为时，法治所面对的实际上就不仅是我们所欲规范的行为之主体，即人本身，同时需要面对与人所共存的传统。因此，谋求法治价值与传统价值的协和与平衡，是现代法治的基本命题。

第二节 法治与伦理的关系

法安天下，德润人心。法治和伦理都是具有一定约束性的规范体系。法治重在他律，具有强制性、威慑性，可稳定人们的预期，规范社会成员的行为；伦理重在自律，具有调节性、劝导性，能滋润社会成员的心灵。法治的实施有赖于伦理支持，伦理的践行离不开法治约束。

一、法治与伦理的联系

法治是对道德与伦理的维护，法律包含道德，道德包含伦理，伦理影响道德，道德影响法律，法律的最终目的是法治。一般而言，道德是法律的基础，法律则是最基本的道德。道德与法律从本质上来说都是一种行为规范，都是人们的行为准则。

第一，法与伦理都是社会的规则系统。法的最终目的是使每个个体作为人的应有权利得到最大限度的实现。而伦理正是通过对人性问题的探讨，对人际和谐的研究等来推动人类对自身幸福的合理追求。

第二，法治与伦理都属于上层建筑，都是由一定的经济基础决定又为一定的经济基础服务的。它们是社会最重要的调控手段，自人类进入文明社会以来，任何社会在建立与维持秩序时，都不能不同时借助于这两种手段。在关于人类共同生活的基本价值观中，法律规范和道德规范拥有共同的基础。法律秩序发挥作用的前提，是它必须达到被认为具有约束力的道德规范的最低限度。

第三，伦理为法提供价值前提，法使伦理内容得以展现。法治的理论前提、价值基础以及能取得实效的必要条件是对人的理性、情感、心灵等人性问题的科学分析，对人的思维方式、风俗习惯、道德传统、价值观念的研究，而法治也正是人性在特定社会得以合理展现的重要方式和保证。

此外，立法者制定的法律必须符合特定社会的伦理关系和伦理要求，符合人类的基本价值原则，才能使法治社会真正实现。社会的法律越是符合伦理，就越是有效。这是因为法律秩序虽然有强制力量做后盾，但法治的公信力、执行是否顺畅，依然依赖于大多数人对法治规则的认同和自觉遵守。假如法律背离了人类最基本的伦理目标和人类道德，也就丧失了规范人们行为的基础，再强制推行该法律必将给人类带来巨大的灾难。

第四，法与伦理的相对分离。人类在交往中形成了伦理规则，并维持了社会必要的秩序。但随着社会生活、社会结构日益复杂化，人们之间的利益冲突越来越多，原本依靠人们内心自觉守持的伦理规则的约束力逐渐下降，迫使社会管理者不得不采用一定的公权力来强迫人们继续遵循这些伦理规则。伦理的强制实施催生了法律。法作为一种调整社会关系的方式，具有强制性和确定性，约束社会行为规范的作用和功能明显增强。因而，法也逐渐从伦理习惯中分离出来，与伦理逐渐成为不同的秩序规则。

第五，法治是传播道德的有效手段。法的实施本身就是一个惩恶扬善的过程，不但有助于人们法律意识的形成，还有助于人们道德的培养。法治作为组织社会的最稳固的外显形式，其对象直接指向犯罪。传统社会中的法律常常通过惩罚这一强制手段，修复和维护整个社会的集体情感。到了现代社会，正如马克思、亚当·斯密等逐渐意识到的，把我们同社会维系起来的纽带，已经不再主要依赖于共同的信仰和感情了，而是越来越依赖于劳动分工。随着个人意识的凸显，个体与社会共同伦理规范之间的冲突自然也就浮现出来，更加需要有效的办法来解决冲突，维护秩序。在他们看来，二者团结合作的可能性就蕴含在现代人们交往的最主要形式——契约之中。而契约之所以被人们遵守，其根本在于人们通过长期交往形成的传统伦理规范。到了现代社会，随着工业的发展，“各担其职”逐渐成为一种人们必须面对的生活状态和生存环境。社会分工要想维系社会，实现社会的团结，必须依靠更高层次的共同价值遵循。

二、法治与伦理的区别

如果单纯进行文字的逻辑推演，法治与伦理的区别是显而易见的。伦理者，人伦关系之规则也；法治者，以法治国之称谓也。《尚书·吕刑》中记载禹对三苗发动战争时，提出了三苗犯有败坏道德、政治昏暗、暴虐民众三大罪证，就显得师出有名、名正言顺，以伦理之名，行讨伐之实。

社会发展导致伦理道德与法律的关系逐渐复杂化。一般来说，伦理对社会的调整不具有强制性，只是在道德观念上约束人；而法治具有明确性、时效性、普遍性、程序性和强制性。法律在生成方式上由有权威的主体经程序制定认可，具有建构性，而伦理则没有；法治有明确的行为模式，而伦理有相当大的弹性，且在约束方式上多靠社会舆论和自身道德遵循。但任何法律都体现了一定的伦理道德精神，更需依靠伦理道德的力量。

综上可知，法治是以确立和谐稳定的秩序为目的；而伦理则是以既存的相对稳定和谐的秩序为前提，从社会关系的和谐维度出发确认个体所应该承担的义务和责任。法治以伦理为归属，体现着伦理道德要求，追随着道德目标，遵循着价值准则，几乎每个法律条文背后都蕴藏着一个伦理命题或道德判断。两者相辅相成，共筑社会和谐稳定。

第三节　法治伦理的经典讨论

法治是对法制的革命性超越，是一个复杂的系统工程，由法律意识—立法—执法—守法四个要素构成。伦理是法治的基础，道德使法治成为可能。研究法治的运行，不能忽视伦理道德的作用。在法治社会，如果说良好的公民意识是形成守法主体精神的基石，那么良好的道德精神便是形成守法主体精神的关键，良好的法治理念则是形成守法主体精神的保障。然而，善之初衷一定能体现社会之公正吗？法的制定与实施在程序上合规就一定合伦理？或者一定能带来善之结果？

一、“恶法亦法”与“恶法非法”的讨论

“恶法亦法”与“恶法非法”一直是法学理论界争论不休的问题。自然法学派认为道德和法律存在必然的联系，因而主张“恶法非法”；分析实证主义法学派系认为道德和法律没有必然的联系，因而主张“恶法亦法”。从表面来看，两种学说的对立达到了极致。

然而，如果我们换个角度深入分析，两者并不矛盾，甚至存在理论的契合性。真正的良善之法，不仅要符合道德的要求而内容良善，而且要具备法律的外在形式。在现代文明的法治国家，出现合法不合理或者合理不合法的两难情形时，应当坚持宪法法律至上，在法律允许的范围内衡平个案争议。同时，对不合理的法律适时修、改、废，使其成为真正的良善之法。

实证主义法律认为，法律只是一些具有中立性和独立性的规则体系，它无所谓“善”也无所谓“恶”。“恶法亦法”是实证主义法律的伦理信条。而“恶法非法”是伦理主导法律一贯的伦理信条。这一信条要求伦理优先，来源于传统或公认的伦理原则必须能成为判断法律好坏和善恶的依据。因此，这一理论的支持者看法律是否是真正的法律，在于看它是否遵守了法律的底线——那些被承认的伦理标准和原则。法律一旦突破伦理限域，那么它就根本不能被称为法律，因而也就不可能有法律效力。对于在法律治理下生活的人们而言，他们没有遵守“恶法”的道德义务。“恶法非法”的伦理法观念充分表达了自然法的革命性，它为生活在实证法下的人们提供了一个判准，即制定法必须接受伦理的限制，超出公

认伦理限制的法律，人们可以选择不遵从，甚至抵制。

二、正义伦理与“法不溯及既往”

“法不溯及既往”是指法律的效力只能向前延伸，不会向后追溯，即法律只对未来行为有效，对过去行为不再有效。这一原则在司法实践中被广泛应用，特别是在刑法、行政法、民事法等领域，以确保司法公正和保护公民的合法权益。

“法不溯及既往”原则往往表现为以下两项具体原则之一：

①从旧原则，即新法没有溯及既往的效力，对新法生效前的事件和行为，只能适用旧法的规定，而不能适用新法。

②从旧兼从轻原则，即新法原则上不溯及既往，但如果新法对行为人的处罚较旧法为轻时，则按新法处理。

“法不溯及既往”是法治的重要内涵，也是衡量立法、执法状况的基本原则。法不溯及既往原则渗透着尊重和保障人权，限制国家权力的精神，是居于实在法之上的良法标准。

“法不溯及既往”作为实证主义法律的一项原则不能被死板地、形式地解释，也不能被当成实现正义路途中为“邪恶”辩护的理由。“法不溯及既往”是一种公正的坚守，但也可能是一种法律的滞后。“法不溯及既往”中，如果新法律规定有利于当事人，则可以追溯，这既是“法不溯及既往”原则的灵活运用，也是法律的人性关怀。事实证明，如果实证主义法律原则没有另外一个表征人类共同道德的伦理原则作为其标准而只是被无底线地遵守，那么最后可能成为对犯罪者的放纵，对无辜死难者的漠视。除此之外，法律还需随着社会的发展而发展，以满足人们的需求。唯有此，法律才能真正成为人们生活的守护者，才能真正实现公正的价值。

三、民间讨论与社会舆论是否可以先司法而行

《中华人民共和国宪法》第一百二十六条、第一百三十一条明确规定：人民法院、人民检察院依照法律规定独立行使审判权、检察权，不受行政机关、社会团体和个人的干涉，即我国的司法实践不受外部干涉与影响。

然而在司法实践中，外在力量与司法独立之间往往存在微妙而复杂的关系。

尤其是信息时代的到来，社会舆论对司法实践的影响不容忽视。一旦公众的观点和态度在一定群体中达成共识，经过特定的传播和引导，社会舆论就会形成。面对社会舆论的强大压力，司法应如何应对？社会舆论是否可以先司法而行？司法独立性是否会受到舆论的影响？

社会舆论作为一把“双刃剑“，一方面有利于司法监督，让司法在阳光下运行，避免“暗箱操作”等滥用权力、徇私枉法的不良现象的发生。另一方面社会舆论也会在一定程度、一定范围内干涉司法独立。如果舆论是客观公正的意见，则可以起到监督司法实践的重要作用。然而，社会舆论并不都是社会真实意见的表达，社会舆论的传播者也往往是普通人，既不是检察官，也不是法学专家。他们在舆论场中，有可能偏听偏信，人云亦云，甚至致使谣言倒逼真相。一些不准确信息往往也会误导社会舆论，而社会舆论再裹挟媒体报道，媒体报道又进一步推动社会舆论的情绪化、极端化，其结果往往会造成“舆论审判”干扰司法独立、司法公正的问题。

当法庭处于民众的喧嚣包围之中，强大的舆论压力可能会损害严谨而缜密的法律理性，法庭也难保不会丧失公平而偏向于某一方，这样就有可能导致同罪异罚，损害法律的公正。司法要正视社会舆论，必须从舆论看民意，听取舆论的正确意见。但司法公正与司法独立，绝不应受社会舆论的裹挟。但不可否认的是，还有很多案件在审理的过程中深受社会舆论的压力，使司法公正受到极大的干扰。

因此，社会舆论与司法，是存在辩证关系的。积极向上的社会舆论有助于监督司法部门的工作推进，防止司法腐败，促进司法公正；反之，将对司法的独立性起到不良影响，甚至困扰司法程序的正常进行。

第四节　现代法治进程中的法治与伦理

中国近现代法治的历史进程极为复杂。法治兴则国兴，法治强则国强。党的十八大以来，在习近平法治思想的指引下，我国在法治中国建设领域取得了显著成效。从“夯基垒台、立柱架梁”到“全面推进、积厚成势”，坚定不移走中国特色社会主义法治道路，为全面建设社会主义现代化国家提供有力法治保障。

一、法治功能与伦理功能的关系

（一）法律作为伦理功能的存在形式

法律作为法治社会中组织社会最稳固的外显形式，最具有稳定性、连续性、权威性，在实现国家职能、管理国家事务、维护社会秩序等方面的主导作用是不容置疑的。法律的对象直接指向犯罪，不管犯罪行为初看起来多么千差万别，最终都有一个共同的基础，即这些行为触犯或毁坏了国家伦理意识。

众所周知，在历史中常常会出现这样的现象，人们会对一些现在看起来并不严重的犯罪实施严厉的惩罚。例如，不小心“触碰”了社会认为不能触碰的神灵而被处以残酷的肢体惩罚；再如，在一个偷窃行为被认为触犯宗教禁忌的社会中，即使偷了一个很小的物件也可能被处死。为什么明明没有带来极恶劣结果的事情会遭受如此苛刻的惩罚呢？这是因为这些行为触犯了人内心深处神圣的情感。而这种情感在当时是维系社会的基础和纽带，如果触犯这一情感就会遭到社会审判。因此，这种“罪责不等”的压制性惩罚，是为修复和维护社会的集体情感。在这样的社会中，法律惩罚的不是冒犯者或其行为，而是对集体伦理的冒犯本身。从这一角度出发，法律实际上是伦理的形式性化身。

（二）伦理作为法治功能的补充形式

当今时代是一个价值观念日趋复杂化与多元化的时代。社会维系的纽带已不再完全依赖于共同的信仰和感情，而是越来越依赖于劳动分工。伦理的主要任务也自然转变为法治的“左膀右臂”。在现代社会，法治有利于培育现代公民社会，使人民知法、懂法、守法，形成明确的法律意识，了解自身的权利和义务，为推进中国特色社会主义事业和实现中华民族伟大复兴的中国梦奠定良好的社会秩序和公民基础。

一般而言，法律条文的具体性、确定性有余而往往灵活性不足，因而无法涵盖更多需要法律调整的事项。法治原则刚好能够弥补法律条文灵活性不足的缺陷，同时能使我们从整体上理解和掌握法律。

二、开创现代法治伦理的新途径

2014 年出台的《中共中央关于全面推进依法治国若干重大问题的决定》，开启了以“法治”的方式治理国家的总体治国方略。依法治国，是坚持和发展中国特色社会主义的本质要求和重要保障，是实现国家治理体系和治理能力现代化的必然要求，事关我们党执政兴国，事关人民幸福安康，事关党和国家长治久安。

党的十九大以来总结改革开放和中国特色社会主义的实践经验和时代要求，明确提出了坚持全面依法治国，建设中国特色社会主义法治体系，建设社会主义法治国家的任务。依法治国在党和国家工作全局中的地位更加突出、重要性更加凸显，为实现科学立法、严格执法、公正司法、全民守法的目标而努力，持续推进法治国家、法治政府、法治社会一体建设。全面依法治国贯穿于治国理政全过程、各方面，必将为实现经济发展、政治清明、文化昌盛、社会公正、生态良好的治理目标奠定更加坚实的制度基础。

历史经验告诉我们，仅仅依靠法治是不充分、不足够的，必须与伦理相结合，在世情、国情日新月异的背景下开创现代法治伦理的新局面。

第一，要加强网络道德建设和制度的“立法”。当代科技和现代化社会发展的一个重要方面是互联网的快速发展，由此引发了网络道德规范建设和法制建设新命题。网络是一把“双刃剑“，由网络所带来的网瘾问题、失德问题、违法问题、黑客问题、游戏的妖魔化、鬼神化问题以及网络诈骗网络谣言等，导致网络违法、暴力事件等不断产生。但是问题的出现也促进了网络社会道德评价、网络教育导向、网络舆论监督和网络道德与法律规范体系建设的发展，使网络空间“立法”和法治化建设成为众望所归。

第二，要加强伦理的现代化建设。尽管目前我们处于经济一体化、信息多元化的时代，但仍然需要进一步甄别真伪，不断发展和完善现代伦理思想。首先，伦理思想必须坚持守正创新，不断推进伦理的革故鼎新。目前，中国正面对西方神学、拜金主义、享乐主义、极端个人主义等各种思潮的挑战。要克服这些挑战，需要将法治与伦理深度结合，推进伦理的现代化建设。其次，伦理的现代化建设必须坚持以人为本。在法治政府运行的过程中，应充分体现“为人民服务”的伦理总纲。最后，要走立德与立法同行、法治与德治并举的道路。“法治”与

"德治"并行，"法"可治国，"德"可育人，是开创现代法治伦理的重要路径。

课后思考题

1. 法治伦理的基本原则是什么？
2. 民间讨论与社会舆论是否可以先司法而行？
3. 法治与法制的关系是什么？

【延伸阅读】

2022（第八届）中国互联网法治大会在京召开

9 月 6 日，以"守正创新 依法强网"为主题的 2022（第八届）中国互联网法治大会在北京召开，大会由中国互联网协会主办，《互联网天地》杂志社承办。

中国互联网协会理事长尚冰指出，随着网络高速发展，加强网络法治建设，是维护网络安全、建设网络强国、促进网络健康可持续发展的必然要求。

中国互联网法治大会是由中国互联网协会主办的业界极具知名度的年度专业大会，从 2015 年举办首届起至今已成功连续举办八届。大会以深化网络互联、信息互通、产业共建、空间共治、生态共享为基本内容，引导互联网企业知法、守法、用法，促进互联网产业界与法律界创新交流，推进新时代互联网法治化进程。

党的十八大以来，党中央、国务院高度重视网络法治相关工作，网络法治化进程加速推进，取得了显著进展。一是法律法规体系持续完善。《网络安全法》《数据安全法》《个人信息保护法》《关键信息基础设施安全保护条例》等法律法规相继出台实施，网络安全领域立法日益完善，网络安全领域配套规则逐步完备，为网络空间发展提供了有力的支撑。二是行业管理持续深化。坚持依法依规，精准执法，行业管理能力不断提升。据工业和信息化部数据显示，目前已累计完成630万次App检测，实现了对我国主流应用商店在架App的全覆盖，App侵害用户权益专项整治等工作取得了显著成效，用户权益得到了切实保障。截至2022年7月，全国电信业务持证企业超过了13万家，信息通信行业蓬勃发展。国家互联网信息办公室数据显示，2021年，涉及互联网平台企业重大执法案例近百起，累计处罚金额超过200亿元。启动“清朗”系列专项行动，重拳整治网络违法违规问题。三是网络安全保障能力持续提升。网络安全产业实现了集聚式创新发展，2021年，我国网络安全产业总体规模突破2 000亿元。国家网络安全人才与创新基地已经投入运行，全国200余所高校设立了网络安全本科专业，每年网络安全专业毕业生超过2万。

尚冰表示，中国互联网协会持续举办中国互联网法治大会等活动，聚焦互联网发展中的新问题、新挑战，探索依法强网的新思路、新模式，营造全社会共同维护网络安全的良好氛围。围绕互联网法治建设，他提出四点看法：

要完善网络法治体系，夯实“奠基石”。《中华人民共和国数据安全法》和《中华人民共和国个人信息保护法》虽已相继出台，但还有部分事项需配套规定予以明确。要尽快出台数据跨境管理、数据安全管理等领域的相关配套措施，细化法律制度的具体要求。同时，要适应新的发展变化，积极推动传统法律适用延伸至网络空间，对于传统法律中涉及网络空间相关的法律问题，要坚持分类梳理、立改废释，构建完善的网络法治体系。

要提升网络执法能力水平，走好“升级路”。坚持促进发展和监管规范两手并重，在发展中规范，在规范中发展，持之以恒地重点治理、严厉打击各类涉及互联网不法行为。同时，要充分利用大数据、人工智能、区块链、物联网等信息技术，运用智慧监管手段，提高监管效能，实现对执法活动的全过程留痕、可回溯管理，使执法办案更加透明规范，执法监督更加精准高效。

要营造健康良好网络生态，优化“软环境”。倡导多元共治，建立由政府主导，社会组织、企业、网民等多元主体参与协商共治的互联网治理体系，防范和化解互联网行业风险，维护平台公平有序的竞争秩序，强化个人信息保护，提升网络安全保障能力。同时，要做好网络法治研究，加强网络法治宣传，拓展网络对外交流，营造全社会尊法、学法、守法、用法的良好氛围。

要加强网络法治人才队伍建设，培育“动力源”。人才是网络法治发展的第一推动力。坚持立足当前，着眼长远，进一步优化人才队伍建设目标和举措；加强网络法治的人才，尤其是急需紧缺人才培养，解决好部分重点领域专门人才短缺问题；强化网络法治人才能力建设，开展专业培训、专业锻炼、专业考核，加快壮大网络法治人才队伍，持续提升网络法治人才能力。

尚冰表示，希望本届大会能够为业界提供增进了解、深化合作、互利共赢的平台，为各方提供互联网法治新理念、新观点、新思路，为推动互联网高质量发展，推进网络强国、数字中国建设贡献更大的力量。

（作者：陈 杰）

——选自中国科普网（2022 年 9 月 7 日）的报道

第六章 媒介伦理

媒介伦理学是一门新兴的交叉学科，涉及新闻学、传播学、伦理学等，关乎信息传播的真实性、媒介社会责任、未成年人媒介保护、个人隐私等诸多问题。媒介伦理研究最早兴起于二十世纪二三十年代的美国，诞生之初称为“新闻伦理”，二十世纪后称为“媒介伦理”。现在被越来越多学者提及的是“传播伦理”“网络伦理”“信息伦理”等，真实地反映出新闻价值观在技术、资本和政治等因素作用下的变迁与困境。媒介伦理近年来备受关注，依然成为公民网络素养的一部分。

我国著名伦理学研究专家罗国杰先生指出“科学的伦理学是整个马克思主义理论体系中的一个重要组成部分，是一门以道德为研究对象的独立的科学。从人类文明历史的发展来看，伦理学的研究总是同人类社会的精神文明建设密切相关的”。①

改革开放以来，随着传播学研究的深入开展，媒介伦理学的研究也取得了相当的成就。进入自媒体时代，媒介伦理又迎来新的挑战，人人都是传播者，人人都是发声体，媒介伦理已然成为一项基本的公民素养，关系到与媒介接触的每一位受众，值得我们高度关注。

① 罗国杰. 伦理学[M]. 北京：人民出版社，1989.

第一节　传播媒介中的真相与社会正义

传媒伦理，是系统研究“道德善”的大众传媒“应当如何”履行其职责，大众传媒是否符合它的“应当”以及媒介从业人员在其媒介行为中对“善与恶”、“正当与不正当”的认识与抉择等问题的学科，媒介伦理始终在理论联系实践的道路上艰难行进。媒介强调的是真实性、时效性和准确性，而伦理则强调要深思熟虑、认真辨析和充分讨论。因此，媒介伦理若想得到认可，就必须创造性地将媒介实践与伦理考量结合起来。

一、什么是真相

新闻媒介有义务公开真相，这是所有新闻媒体人所信奉的原则之一。用可信的语言讲述事实，告知我们真相，也是受众所期待的。那么问题来了，什么是真相？眼见一定为实吗？

对此，我们发现媒介报道的即时性往往成为一把“双刃剑“。受众渴望在第一时间了解真相，但在获取“真相”的过程中，由于预算有限、时间有限、信息安全把控，对“眼球经济”的逐利等因素都会使真相变得模糊。新闻常被称为“匆忙的历史”，而受众在海量的新闻信息中往往难以甄别，更难以用普遍的道德标准进行精准判断。

随着参与媒介传播的群体越来越多，媒介实践的载体和边界也在不断拓展。从最初的报纸、广播，到电视，再到如今的移动互联网，乃至未来“万物皆媒”。媒体的参与主体从专业的记者、编辑，扩展到机构宣传人员、公关人员，今天的普通民众，乃至未来的人工智能。对纷繁复杂的媒介信息而言，真相往往受到各种干扰信息和冗余信息的混淆，对真相的寻求也就更加艰难。诸如网络虚假新闻、信息茧房、人肉搜索等新的伦理问题，也引发了人们对于媒介实践的忧思：调节新闻实践的真实性、公正性、最小伤害等伦理原则，在自媒体大行其道的今天，是否还能发挥既有作用？如何保障在报道真相的同时，还能把握信息真实与隐私保护之间的界限？在传媒行业剧烈变革的智能时代，到底需要哪些伦理原则进行规范调节？媒介制造的舆论压力是否会影响法律的公正性和司法独立性？

二、媒介中的社会正义

媒介是否可以更偏向于弱势群体？或者说弱势群体就一定是占理的一方？是否替代他们发声就是对整个社会正义负有责任？媒体责任更多的是真实反映事件本身，还是提供一种思维方式将受众导入编者的既定框架？

马克思主义认为，新闻实践是人类生产劳动和社会交往的产物，人类在生产劳动过程中，因为交往合作的必要，对新闻产生了需要；而新闻的生产与传播，又进一步促进了人类的交往与合作。那么，既然媒介中的新闻是人类表达沟通、好奇、求知的本能需要，媒介报道新闻所要达成的目标和功能就应该是一致的。具体包括两个方面，其一是共同体的善，其二是对人的安全、自由的保护。马克思主义者更强调共同体的善，即媒介代表着人民大众的立场和利益，媒介的使命在于冲破层层阻碍，展现人民的利益和道德精神。“新闻工作的首要目标是为公民提供自由和自治所需的信息”“越是民主的社会，新闻和信息就越多”。

因此，媒体所应拥有的对社会正义的责任，取决于我们如何回答媒体对适当角色及责任的调适问题。

首先，真实被誉为新闻的生命，是媒介伦理的首要原则。因此新闻必须真实，“真实会带来安全感”“真实是新闻的本质”。古希腊哲学家柏拉图对信息的真实性问题有着清醒的认识。例如，他认为城邦中的吟游诗人传播各种虚假信息，有害于城邦正义的实现，因此要把他们从城邦之中驱逐。

其次，公正是媒介伦理的重要原则。新闻报道引发的社会舆论，有可能对个体生活产生重大的影响，不公平的报道，可能会危及个体的安全自由。特别是网络信息如此发达的当代社会，人肉搜索、网络暴力等事件频频发生，不明真相的大众往往会依据媒体报道的内容进行判断，稍有不慎就会酿成舆情危机事件。因此新闻实践必须秉持一视同仁的平等理念、不偏不倚的立场、不歧视、不忽略的公正态度。从共同体的善来说，新闻公正是新闻公信力、共同体凝聚力的重要来源，不具公正性的新闻报道，没有人会信服。新闻公平也是社会公正的奠基石，新闻报道惩恶扬善，是维护社会公平重要的途径和手段。

最后，人格尊严是媒介伦理的重要原则。康德认为，“人”在任何时候都只能作为目的，而不是工具或手段。“你的行动，要把你自己人身中的人性，和其他人身中的人性，在任何时候都同样看作目的，而永远不能只看作手段。”揭示了人格尊严的至高无上。新闻实践必须尊重人格尊严，这是一切新闻活动的出发点。人格尊严作为最基础的人权，既是保护个体安全自由的内在要求，也有利于增强社会整体的凝聚力和活力，促进共同的善。

第二节 媒体广告中的说服与诱导

媒介伦理在当代已经由专业伦理转向公民道德发展。伦理学的学习需要深思熟虑、分析甄别、充分讨论、理性判断，而媒介报道往往追求时效，需要迅速判断和决定。媒介工作者既要有坚强意志，还要有竞争意识。因此，如何将媒介伦理的基本原则与媒介实践中的价值遵循相结合是本节讨论的重点。

一、日常生活的商业化

正如我们日常所见，促销传播已渗透到我们生活的方方面面，植入我们收看的电视节目、报纸、杂志、电影，在我们浏览的绝大部分网页中都会有不同形式的广告插入。简言之，商业化广告已经成为我们日常生活中无法回避的一部分。商品的象征属性已经融到它所展现给大众的吸引、引导、劝诱效果中，以至于我们在形容某一个事物时，脑海中会不由自主地浮现出该类产品的广告形象。

作为不可或缺的商业工具，广告也是媒体文化的重要组成部分，以商业为目的的媒体难以抗拒广告带来的巨额利润。新闻、娱乐、广告三者之间的模糊定位形成了一个日益商业化的环境，消费者或者说是普通大众被无孔不入的广告裹挟。无论是电视娱乐节目的真人秀，还是电视剧中的广告植入随处可见。广告时长过长、广告插入过多属实让观众无奈，甚至厌倦，但广告浪潮依然难以抵挡。

商业环境的另一个方面就是日常生活的商品化。随着自媒体井喷式发展，每个日常生活的普通人都可以开设微博、微视频账号，通过拍摄视频、分享日常生活等方式获得商业收入。加之短视频中充斥的商业推销、精准推送、各种沉浸式体验、种草，使得受众在物欲的世界里蠢蠢欲动，永难满足。无处不在的拍摄者，无时不在的视频流量让商业环境更加复杂，媒介伦理规范维系更加艰难。

综上所述，我们看到在生活中，一方面出资方或者是媒介经营者竭尽全力吸引潜在消费者，并向他们推销商品；另一方面混入其中的欺诈的、扰民的、无礼的营销活动已经引起消费者的极度不适。除此之外，现代广告在推销商品信息的同时，也在推销社会环境信息，并赋予商品更多的象征意义。

二、媒体广告对消费者的说服与诱导

广告就是广而告之，即通过宣传告知公众某种事物。广告商一般是先了解目标消费者的关注点，吸引其注意力，再通过宣传使其了解广告商品的具体信息，引导消费者的消费理念，最终说服消费者购买。

从传播学的角度，说服至少包含三种含义：首先，受众被大众媒体上的信息或广告说服时，其态度会发生改变。其次，除了改变人们的态度，有效的说服还需要引起人们行为上的改变。最后，成功地说服不仅体现在态度上的改变和行为上的改变，最重要的是被改变了的行为能够持续相当长的时间。

如有位抽烟者阅读了报纸上关于“抽烟损害健康”的报道，对抽烟的态度发生了改变，决心戒烟。但如果仅仅是态度上的改变，还不能证明说服成功，还需要行为上也发生改变，如开始戒烟，并能够持之以恒地不再吸烟。真正为大众媒介的宣传所说服，就需要认识到抽烟对健康的损害。例如，尼古丁上瘾、对肺部的损伤。几乎所有抽烟者都知道这种危害，但真正戒烟绝非易事，因此能够将戒烟行为坚持下来才是被说服的最有力的证明。

当某个广告产生这三个方面的效果时，说明该广告对消费者有说服力，是有意义的、能够带来长期效益的说服。如果某个广告只能在第一层面上产生说服效果，而在第二个层面，尤其是第三个层面上没有奏效时，说明该广告的说服力尚不到位或者力度不够。

美国心理学家麦奎尔认为，被说服者从接触信息到接受信息的反应过程包括一系列心理活动，即接触传播的信息；感知或有效收集相关信息；了解信息、接受信息，并在此基础上改变原来的态度；保存记忆，必要时根据影响反映新情况；做决定，采取行动执行决定。这是一个达到说服效果的完整的心理过程。大量的事实证明，最有效的信息源一般是专业的、值得信赖的，或有吸引力的传播者，而这些传播者也是最具说服力的人。

但对于一般消费者而言，特别是较为盲从的消费者来说，一般广告便能起到激发和诱导消费的效果。消费者对某一产品的需求，有时是刚性需求，而有些则是潜在的消费需求。这种潜在的消费需求，往往会受到广告所呈现的视觉、感觉映像的诱导而付诸购买行动。如餐饮广告宣传就是通过餐饮信息的传递，使餐饮消费者改变态度或产生消费意向，接受餐饮广告宣传的产品或服务。

三、对广告传播的监管依据

广告是现代经济的一个主要组成部分，也是构成新闻媒介内容的四大部件之一。一个经济繁荣的社会，广告在现代消费者经济中扮演着重要角色，是不可或缺的一部分。媒介广告自诞生起，就因信息传播快、覆盖面广、形象直观效果好而被商家看好。常见的有报纸、杂志、电视、广播、日历等。广告不同于一般大众传播和宣传活动，作为一种传播工具，广告是有目的、有计划的，是连续的、带有说服性的。广告不仅对广告主有利，对目标对象也有好处。例如，通过广告可使用户和消费者得到有用的信息。为了规范广告活动，保护消费者的合法权益，促进广告业的健康发展，维护社会经济秩序。广告经营者一旦触犯法律，则将按照相关法律法规严格管理。

除广告传播监管的法律依据外，还有广告伦理的相关约束。广告活动总是在一定的伦理环境中进行，广告伦理是指任何内容和形式的广告行为都必须遵循的道德准则和行为规范的总和。也就是广告主、广告制作者、广告发布者、消费者在广告活动中的道德遵循。特别是广告主体需要平衡义与利、兼顾公平与效率的关系，并做到诚实守信，还要坚持经济效益与社会效益并重，效果真实与适度传播的原则。

常见的广告失范问题有虚假广告、名人失范广告、恶俗广告、情色广告和歧视广告等。以最为常见的虚假广告为例，一般是指广告活动中对商品或服务的内容作不真实的宣传，对商品或服务的性能、产地、用途、质量等表述模糊，使用数据、资料不真实不准确，从而欺骗或误导消费者，侵害了消费者和其他经营者合法权益的违法行为。这类广告在化妆品、减肥瘦身产品、食品等广告中比较常见。

广告伦理要求在广告活动中遵循诚实守信、公正平等、维护公共利益原则。广告伦理是对广告和与广告活动有关的优良道德的制定及实现途径的研究。其内容包含建立在广告活动特征和基础上的优良道德准则；与广告活动有关的优良道德的实现途径等。因此，对广告传播的伦理规范需要多方协作，多措并举，共同促进。一方面，要加强广告业内人士的行业自律性，提高其专业理念和伦理意识。广告从业者要自觉维护广告内容的真实和客观，提升自身的职业素养，增强自身广告伦理道德观念，不传播虚假有违媒体伦理的广告信息。广告从业者还需要充分认识到广告传播行为通过媒介体系对社会的影响，规范其行为。另一方面，有关部门需加大对广告伦理道德失范行为的惩办力度，依靠法律来防止和惩戒不当广告运营商和用户，督促其严格遵守广告职业道德。

新媒体时代背景下的广告伦理问题相较于传统广告时代较为显著，但不论是作为广告从业者还是消费者，我们都必须具有清晰的洞察力和较高的识别能力，具备传媒伦理素养，始终坚守真实原则和客观公正原则，注重社会效益与个人利益的融合。此外，相关政府机构或媒介机构也要切实发挥好相应的主体作用，成为广告伦理的宣传者和监督者，为新媒体时代下广告信息的传播、共享营造出较为良好的传播环境。

第三节　媒介的道德困境

大众传媒在报道一件事实时，如何才能做到既满足公众对事件的知情权，又保护当事人的隐私？当二者存在矛盾时又该如何调节？这一度成为社会争论的焦点。媒介涉及的道德问题不仅是隐私问题，还包含如何同时满足新闻的即时性与准确性等。事实上，往往因为新闻需要第一时间报道，准确性难以避免地可能会出现失误；而确认细节以达到准确无误是需要时间的，又与新闻的即时性相违背。

一、媒介报道与个人隐私

隐私权，是自然人享有的人格权，是指自然人享有的私人生活安宁和对不愿为他人知晓的私密空间、私密活动和私密信息等私生活安全利益自主进行支配和控制，不受他人侵扰的具体人格权。《中华人民共和国民法典》明确规定：自然人享有隐私权。任何组织或个人不得以刺探、侵扰、泄露、公开等方式侵害他人的隐私权。隐私权包含多个方面，其中个人生活自由权、情报秘密权、个人通讯秘密权、个人隐私利用权都是其重要组成部分。这些权利能保障公民能够在一定程度上拥有隐私自由，同时能保障人际关系的相对稳定，促进社会和谐发展，更好地营造新时代社会主义和谐生活。

媒体报道与科学研究的目标固然都是求真务实，但正如科学研究有禁区一样，媒体报道也不是无底线报道。以纪录片为例，拍摄的主角、出现在镜头里的第三方、路人等是否愿意无遮掩地拍摄？尤其是涉及一些敏感话题，导演或者拍摄者、传播者是否征询了其他出镜者的同意？他们是否会因出镜而承担舆论压力？这些都值得思考。

随着网络技术的不断发展，媒介几乎延伸到了我们生活的方方面面。在时间和空间多维度拓展的新媒体时代，任何事件和消息的传播在速度和范围上都超出了人们本身的生活圈，无论是公众人物还是普通民众都变成了不同程度的信息“透明人”。

第一，用户位置隐私的泄露。随着精准定位技术的应用，用户有可能因位置泄露而被跟踪和攻击，别有用心之人还能推测出用户的住址、工作甚至日常作息，导致人身和财产安全都可能受到威胁。

第二，个人隐私的商业利用。大数据技术已经渗透到各行各业，为用户提供了更多个性化的体验。媒介基于浏览记录、社交信息和财产信息等大数据统计数据进行精准推送，使得受众更易被“信息茧房”包裹。此外，也有一些社交网站将收集挖掘到的用户数据信息作为商品非法出售。

第三，人肉搜索。依托信息技术和平台的力量，人肉搜索可以突破时间和空间的限制，在短时间内引起网络广泛响应。无论是出于正义还是偷窥猎奇心理，人肉搜索都会侵犯当事人的隐私权和名誉权。特别是在事实真相未明之前，仅根据媒介的片面报道便开始大肆人肉搜索，曝光报道对象的个人隐私，这种缺乏理性的行为往往成为悲剧的开端。

第四，黑客攻击。云计算技术在新媒体领域有着广泛的应用，已成为人们备份通讯录、照片、文件资料等的重要方式，云服务、亚马逊遭黑客攻击而导致用户信息的泄露事件也引起了轩然大波，也警醒人们需要注重保护隐私。

总之，对媒介传播语境下的隐私权保护，矛盾一直存在，且将长期存在。媒介工作在当下也更加复杂多样，一方面要保护公民个人隐私不被侵犯，另一方面要确保信息得以真实发布，新闻能够得以自由而广泛地传播，公民的知情权能够得到最大限度的保证，同时要发挥媒介对社会舆论的监督作用。这些都给媒介工作者提出了更加严峻的工作挑战。当然，由于当代传播方式和媒介的多样性、复杂性，社会大众也必须更频繁地参与监督媒介传播行为的规范化，媒介才能发挥舆论的正向引导作用，而不至于被部分媒体或个人谬用，才能构建更为和谐的媒介传播责任体系。

二、媒介寻租、有偿新闻与新闻真实性

媒介寻租和有偿新闻都是把新闻报道同小团体或个人的私利直接联系起来，搞钱权交易，把新闻报道异化为一种谋取私利的手段，使新闻报道成为收益获利的商品。媒介寻租的实质是新闻传播从业人员将国家法律赋予新闻机构的传播新闻公权力作为私有商品非法出卖的行为。媒介寻租使得新闻选择的标准不再是新闻价值，新闻报道的目的不再是社会公众的利益，而成为小团体或个人的私利，极大地损害了媒介的公信力、受众的知情权，也使得假新闻屡禁不止。媒介寻租甚至已经演化为以媒介为主体的集体寻租行为，有的媒介会采用新闻策划的形式为大广告主量身定做栏目，或达成交易协议以换取负面新闻撤稿。

有偿新闻常见的表现形式有暗箱新闻广告、混淆新闻与广告的界限、新闻介入商业策划活动、恶意同谋、制造“新闻事件”、新闻敲诈、贿赂新闻、收购新闻传播权、新闻掮客等。新闻和广告的鸿沟消失，甚至将新闻与广告融为一体。例如，把新款商品上市的广告包装成经济新闻、科技新闻，这是有偿新闻常见的、最低级的形式；再如，明星为宣传新影视作品故意制造话题新闻，再透露给媒体，或者直接买热点新闻；媒体记者以握有黑料、掌握内部信息，不付一定的代价就曝光为要挟，勒索敲诈商家。

新闻真实性是指在新闻报道中的每一个具体事实必须合乎客观实际，即表现在新闻报道中的时间（When）、地点（Where）、人物（Who）、事情（What）、原因（Why）和经过（How）都经得起核对。但在纷繁复杂的社会事件中选择哪

些事件进行报道，或者选择事件的全部还是其中的部分内容进行传播，则是由人来决定的。

三、冷漠新闻与人文关怀

冷漠新闻是指记者或新闻编辑违背社会良知和人性的新闻形式，不关注人文关怀，或将人类灾难和当事人的痛苦当作新闻的看点，或大肆曝光当事人的隐私、商业秘密，或侵害他人合法权益的新闻报道。是否应该假借客观中立原则在报道中做冷漠看客，是否应该以真实还原为由曝光新闻对象的痛苦以博取关注度，都是媒介伦理常常探讨的内容。对此，媒介伦理要求在报道中至少做到以下几点：

1．关注社会弱势群体

关注社会弱势群体的生活，对其进行人文关怀是每一个新闻从业者义不容辞的责任。在对弱势群体的报道中，应当在力所能及的范围内对事件持续关注，积极协助对弱势群体的帮扶工作。

2．规避个人隐私

新闻报道中应使用技术手段避开一些不雅或不宜公开的画面，确保被采访对象的个人信息不被非法获取和公开（如姓名、肖像、住址、电话、收入、健康状况等），个人生活不受外界非法侵扰，个人私事不受非法干涉，体现媒介对“人”的尊重和人文关怀。新闻报道应从维护稳定，促进社会和谐的高度出发合理规避个人隐私。例如，在案件类新闻报道中，与案件当事人“换位思考”，让新闻报道在揭露违法犯罪、教育群众的同时，有效降低新闻报道对其及家人可能产生的隐性“情感伤害”。

3．规避新闻报道的二次伤害

作为媒体，当然需要在第一时间发布公众关心的新闻，特别是公众关心的突发性、灾难性新闻。但此类的报道中应特别注意对画面的处理，如过于血腥的场景应当隐去，对此类灾难报道中应少用事故画面，多用一些现场救援的画面。再如，对一些案件审理的报道，明明受害者家属已经悲痛万分了，有的记者却依然不断追问类似于“你现在的心情怎么样？”“你对此有何感想？”之类的问题，无异于雪上加霜。

4. 灾难性报道中弘扬人性善良的一面

谁都不愿意发生事故，特别是重大的伤亡事故。然而，在人类社会活动中往往又难以避免事故的发生，问题的关键在于如何面对事故。对新闻媒体来说，重在对新闻的呈现方式。要在重大伤亡事故报道中发掘灾难事件发生过程和救助过程中所蕴含的人性、善良的一面。人文关怀精神要求记者勇敢地扛起人性的大旗，以人性善良的角度关注事故本身，注视人类的生死；对处于极度绝望中的人们给予人文关怀；让人们体会到人情的温暖，人的崇高与尊严，唤醒人们的良知与道德。对卑琐、残酷、冷漠的人性加以批判，使人们能够理性辨析，保持自己人性中“善”的一面。

人文关怀是媒介进步与成熟的重要标志之一，是媒介追求的终极目标。构建起媒介应有的“人文关怀”，不仅是媒介发展趋向的重中之重，也是建设中国特色社会主义精神文明的关键要素之一。媒介伦理中的人文关怀应更加关注人的生存和安全，关注人们的精神世界和心理需求，注重情感需要和人性诉求的合理性。

四、媒介审判与司法独立

媒介审判是指新闻媒介超越正常的司法程序对报道对象所做的一种先在性的“审判预设”。它是新闻竞争日趋激烈下的产物，往往会通过事件的发酵效应，对司法审判造成舆论压力。从法理学的视角看，媒介审判是新闻媒体的职能错位，它使得司法独立和新闻自由的天平倾斜，有悖于司法独立精神。

由于媒介报道的曝光，媒介审判中的人物、事件成为舆论关注的焦点。受众受新闻影响也更加关注审判结果，如法律如何判，国家对此类事件如何处理，处理的结果是否公正等。涉及媒介审判的大多是影响社会公平和正义的，或者说是极富争议的案件。在公众、公权力机关和媒介三者之中，媒介往往担当公众意见的表达者、与公权力机关的沟通者等角色。公众在遇到不公正待遇时，常常寄希望于媒体，希望其能够影响司法机构，从而维护自己的利益。新闻媒介也就常常成为司法缺乏和司法不公情况之下的一种特殊的救济手段。

此外，将民众的期望寄托在并不具备法律效力和司法权力的新闻媒介系统，却常常会使得媒介审判影响司法独立，从而造成媒介越位现象。而媒介一旦借强大的舆论影响力，评判是非、影响解决纠纷的“结果”，便会强化新闻媒体作为舆论代表对社会权力进行监督的权威性。同时不可否认的也可能为媒介审判积蓄能量，有可能导致公权混乱，特别是一些弱势群体，常常会把目光投向新闻媒体。希望媒体利用自己舆论监督的权利对司法行政部门施加压力，从而促成对自己有利的审判和裁决。这种能力如果处置不当，越过一定的界限，就有可能凌驾于法律之上，妨碍司法公正。

司法公正相对于其他社会问题更易引起公众的关注。这也会使媒体为利益而竞相追逐法制热点事件，吸引受众眼球，提高媒体的发行量或收视率，刺激广告商投放广告，赢得经济效益。对热门案件，特别是涉及社会知名人士的法律案件报道所产生的轰动效应往往会引发社会的高度关注。但对司法机关而言，其压力就会骤然剧增，有可能会对当事人造成无法挽回的伤害。

第四节　新媒体时代大众娱乐泛化与媒介伦理

媒介伦理与技术伦理相伴相生，特别是当元宇宙、人工智能等新技术不断与媒介进行结合的当代。传统的伦理价值在新媒体时代大众娱乐泛化趋势下如何继承与发展？新的伦理价值如何指导新闻业的生产？怎样重塑新闻专业主义在新媒体时代的地位等问题，都值得我们思考和探讨。媒介在新闻生产技术革新的同时，也应当基于新闻伦理的原则防止隐私泄露、信息茧房、人的异化、算法偏见、算法黑箱等伦理问题发生。

一、注意力经济效应助推下的大众娱乐泛化

随着网络的迅速普及，网络社会复杂态势发展更为迅猛。全球网络技术的急剧发展，使得当代个体都面临信息同质化表象掩盖下的多重价值选择。而讯息传播瞬息万变，讯息中的负面信息往往更能吸引眼球并引发受众围观。由此诞生了以吸引眼球、博取关注而获得经济效益的“流量新闻”，是“注意力经济”概念的现实实践。

“注意力经济”是互联网技术（IT）行业的著名论断，随着互联网的产生而产生。这一概念是在迈克尔·戈德海伯 1997 年发表的《注意力购买者》中提出的，他指出获得注意力就是获得一种持久的财富。在新经济下，这种形式的财富使你在获取任何东西时都能处于优先的位置。财富能够延续，有时还能累加，这就是我们所谓的财产。因此，在新经济下，注意力本身就是财富。

随着手机的智能化和短视频、直播等社交新形态的飞速发展，尤其是直播类的视频传播，具有显著实时性和互动性特点。不仅降低内容创作的专业性门槛，人人皆可为主播，素人内容输出提供了丰富的渠道，还能在短时间内迅速聚集流量和粉丝，打破了传统明星的传播路径垄断，同时，相比长视频内容更具有社交性和多样性，契合当代的碎片化和个性化娱乐消费趋势。

在我国传媒发展进程中，随着媒介市场化步伐加快，媒介的产业性质日益凸显，催生了传媒娱乐化热潮。

二、新闻热搜词本身即为注意力经济的产物

在传媒娱乐化浪潮中，互联网成为娱乐信息的泛滥之地。在互联网娱乐化倾向的影响下，相对于传统大众媒介，网络新闻的娱乐化倾向更为明显、更为严重。以网络媒介的盈利模式来看，网络媒介是典型的“注意力经济”。网站的访问量越高，点击量越多，对广告商的吸引力就越大，广告的投放量也就越多。在这一盈利模式下，各大网站媒体为赚取点击量和访问量，往往陷入鼠标点击的恶战。为了获得最多的浏览量，网站都在新闻标题、新闻吸引力上下足功夫。新闻标题的拟定往往以最大限度地吸引受众的眼球为标准，刻意突出新闻中的暴力、犯罪、明星绯闻等刺激性词汇，炮制出所谓的标题新闻，有些新闻甚至文不对题。很多新闻热搜词也是在这种操作理念的驱使下出现的，将新闻中能够刺激眼球的词汇进行高度浓缩，放在网站醒目的位置，以达到捕获受众眼球的目的。

三、新媒体时代大众娱乐泛化背景下媒介伦理失范的表征

新媒体时代下，网络、社交媒体平台对受众的技术赋权使新闻生产从职业化向社会化过渡，原来的职业空间被释放，新闻产品开始走向泛化与碎片化。新闻线索也常常被简化，或直接当成事实全貌进行呈现，“全民记者”现象在冲击新

闻自身价值的同时，也易导致媒介伦理失范。

作家波兹曼在《娱乐至死》一书中将美国社会“娱乐至死”现象的描述为“一切公众话语都日渐以娱乐的方式出现……我们的政治、宗教、新闻、体育、教育和商业都心甘情愿地成为娱乐的附庸。”这个描述与当代中国的“泛娱乐化”现象不谋而合。“泛娱乐化”即娱乐跨越自身的边界侵入其他领域的行为。“泛娱乐化”趋势下的媒介出现信息娱乐化和娱乐新闻化两种倾向。在此影响下，媒介更关注受众的喜好而不是公共利益，更加注重轰动性传播效果而很少加以谨慎判断。传媒“泛娱乐化”趋向迫使文化的内容沦为娱乐的附庸，大众传媒亦因此而陷入道德不确定的困惑之中。阿道司·赫胥黎在《美丽新世界》一书中所描绘的景象现在看来并非杞人忧天，“我们将毁于我们热爱的东西”——大众文化正在努力成为“充满感官刺激、欲望和无规则游戏的庸俗文化”，人们在其中因为无须参与，仅做“看热闹的人”，进而失去了思考的权利，失去了创造力。大众文化正逐渐变成一种新型的精神麻醉药物，消耗于无休无止的游戏、视频之中。此外，利益驱使下的责任感缺失、技术赋能的泛主体化网络作品生产、新媒体崛起背后的法规滞后、受众急于情绪助攻等媒介问题逐渐显现，因而新媒体时代媒介伦理更需要重塑，以实现新闻专业性的回归。

四、新媒体时代舆论监管中的把关人职责与媒介审查

新媒体时代，重提传媒的社会功能就显得更为必要了，因为人们已经几乎忘了媒介在娱乐大众的同时更有守望环境、协调社会、传授知识等“教化社会”的功能。反思当下的媒介生态不难发现，一方面，现代传媒业从未如此发达，细分市场，因而拥有如此众多的“消费者”；另一方面，与媒介日益强大的影响力相比，媒介的社会角色却渐行渐远。在娱乐化高歌猛进的潮水面前，原本就不洪亮的道义声音愈加羸弱。网络暴力、虚假新闻、信息茧房等道德失范现象的频发，真实地反映出新闻价值观在技术、资本和政治等因素作用下的变迁与困境。随之，社会既有价值准则和价值体系解构，新的社会主义核心价值体系不断受到市场多元化需求的冲击，还需进一步弘扬和践行。

这一背景下的媒介究竟应当坚持什么样的义利观，生命至上、真实、公平、最小伤害等媒介伦理原则是否还应该坚守，这些都值得媒介及媒体人严肃对待并

认真思考，也是媒介履行把关人职责和监管责任的必由之路。

（一）媒介伦理应遵循的基本原则

1．真实原则

真实原则被誉为新闻的生命，是媒介伦理的首要原则，也是新闻机构公信力的社会基础。

首先，从人的社会本质角度来看，“人是社会关系的总和”，人只有在社会交往中才能生存和发展。而人际交往关系的构建基础则为真实，即稳定真实性原则（传统社会又称为“诚实原则”），这是对人的行为最普遍、最一般的要求。《论语》云：“君子坦荡荡，小人长戚戚。”《礼记》云：“者天之道，诚之者人之道。”

其次，从新闻传播的终极目标来看，真实性是新闻得以存在的基本价值、理由和意义。假如新闻都是未经证实的信息，甚至是虚假信息，社会的诚信体系就容易崩塌，如霍布斯所言“人对人像狼”的自然状态。有效的社会信任、共识更将无从谈起，共同的善也将成为空中楼阁。

最后，从风险社会和媒介化社会的内在要求来看，人与人之间的空间距离感大大缩小，风险与危机成为社会常态，公众对信息的依赖达到了空前的程度。任何化解危机的努力都必须建立在真实信息的传播之上，公共利益也务必通过真实予以保障。当前我国新闻发言人制度逐步走向制度化、规范化和社会化，从中央国家机关到地方政府、从社会团体到群众组织纷纷设立了新闻发言人，这在一定程度上加快了政务公开和政府信息公开化进程，最终也是为了确保信息的权威性和可信度。

2．公平公正原则

公平公正是伦理学关注的重要范畴，是社会主义核心价值观的应有之义，也是新闻媒介的基本职业道德规范。在西方国家，大众媒介被称为独立于立法、司法、行政之外的“第四权力”，对三大权力起到监督与制衡作用，因而新闻媒介常常被称作社会正义的“守护神”。在我国，媒介是党和人民的“喉舌”，听党指挥，为人民说话，有严格的纪律要求。尽管政治体制和社会架构不同，但媒介是“社会雷达”“社会公器”的观念同样深入人心。如中央电视台《焦点访谈》

栏目就因其强有力的监督力量而一度享有极高的口碑。媒介要担当起这些崇高的角色与荣誉，其必须遵循公平公正的伦理准则。特别是在危机传播中，媒介公平公正原则的核心要求便是保证公众的知情权，媒介应秉持对社会负责的态度，站在公众利益的立场，公正客观地对待报道中所涉及的人与事，避免成为某些利益集团的代言人。否则不但不利于化解危机，反而有可能引发新的危机。

3．最小伤害原则

“最小伤害”原则属于强调行为结果的目的论伦理学范畴。危机传播中的最小伤害原则，要求媒介在报道中以人为本，尊重人，关怀人，尽量减小对人的伤害。如美国职业记者协会于 1996 年修订的《新闻职业伦理规范》中就专设了“最小伤害”章节，其核心内容包括：“记者应当同情那些可能受到新闻报道所伤害的人。格外谨慎地处理涉及儿童和未成年人的新闻。谨慎地使用陷入悲痛中的人的照片和采访记。对可能导致伤害的不愉快的采访报道心中有数。”对灾难性案例的报道更应当慎重，避免以报道事实为名不断让当事人回忆痛苦经历，聚焦和放大当事人的痛苦以博取关注。如在马航 MH370 失联事件报道中，主流媒体的报道基本上体现了人文关怀、避免二次伤害的职业道德精神。但也有一些媒体炒作奇闻逸事，将灾难性的硬新闻处理成娱乐化的软新闻，在未经当事人许可的情况下，将失联乘客家属极度痛苦、焦虑、“被围观”的特写场面直接呈现在报道之中，既造成对当事人的二次伤害，也引起了受众的反感。

（二）舆论监管中的把关人职责与媒介审查

1．由功利主义到“无知之幕”

“无知之幕”由罗尔斯提出，是媒介伦理研究的一个重要理论视角。“无知之幕”就是要求各方在考虑问题解决方案时，从生活中的真实情况退回到一个消除了所有角色和社会差异的隔离物之后的“原始位置”。在“无知之幕”后，参与者被从具体的个人特点如种族、阶级、性别、团体利益及其他现实条件中抽象出来，被当成整个社会的平等成员。基于这一平等理念，当新闻媒体面对不同的伦理冲突时，“无知之幕”可以促成有效的伦理对话，在尽可能考虑各方立场的情况下达成伦理共识。对于当下的媒介伦理而言，“无知之幕”要求相关从业人员考虑每个社会阶层的情况，真正为人民的利益发声，从社会现实来思考新闻真正需要传递的是什么。

2. 深耕内容制作，拓展深度报道

互联网的飞速发展既改变了人们的生产和生活方式，又带来了较宽松的社会舆论环境、拓宽了民众意见表达的方式。网络舆论场的崛起虽然取得了不菲的成绩，但是也引发了道德焦虑、道德迷茫、冷漠社交、道德绑架、网络暴力等道德困境。在网络媒体蓬勃发展的时代，主流价值观应该占据主阵地，网络媒介报道的内容依然为王。换言之，就是在内容上力求真实准确，在观点上力求权威深度，在效果上力求贴近群众。只有坚持正确的导向，加强正面宣传，真正做到让重点成为热点，让质量带来流量，让生动焕发热度，才能不断提高媒介宣传的效力。

3. 强化专业知识，承担新闻职责

媒体人应该关注深层次的社会问题、反映民意和表达民情，在社会舆论中发挥应有的正向引导作用。做到新闻报道高品质，有深度，以内容和形式的高端化来体现专业性，继而才能征服受众；全时效、全方位，新闻内容的输出在保证时效性的同时也要兼顾真实性与受众体验感；将新闻事实作为一个过程来展现，而不是仅呈现一个结果；在新闻报道过程中还需注重与受众之间的信息交流。

4. 加强行业自律与外部监督

首先，加强媒体的责任意识。记者在社会生活中往往担当着扬善抑恶、维护正义的责任，向社会提供的不是一种普通产品，而是拥有高度社会影响力的特殊产品。媒体所肩负的社会责任要求其必须守好底线，不能违背职业道德越界行事，不能为追逐利益而违背职业精神，不能给新闻当事人造成伤害。

其次，要改善民生问题和畅通民意表达，营造和谐的网络舆论环境。新闻媒体的权力主要是一种话语权，它来自民众本身所具有的知情权、政治参与权、发表言论的自由权、对政府权力的监督权。但从终极意义上说，新闻媒体应当为最广大的人民群众负责。因此，合理利用媒介平台为改善民生助力，为百姓发声也是媒介的基本职责之一。

最后，需加快推行网络实名制，做好网络舆论信息过滤、新闻内容的伦理审查，强化网络技术手段，提升伦理意识。在实名制的同时，还必须把握好表达信息的范围，保护好新闻事件和新闻报道中的个人隐私，保障采集到的用户信息的安全。

媒体“真正的伦理精神”作为一种具有超越性、引领性、应然与实然相共生的道德品质或德行，应当具有求是精神、正义精神、仁爱精神、勇敢精神、自由精神。技术、资本和政治作为外部力量，并不能真正改变新闻的本质和目标，只要新闻仍是人类的本性需要，只要新闻目标仍是共同体的善和个体的安全自由，媒介伦理对真实、公正及尊严原则的坚守就不会变。

课后思考题

1. 为什么社会需要媒介伦理？
2. 媒介中的伦理指向是什么？
3. 如何从消费主义的角度认知广告中存在的诱导？
4. 媒介的道德困境有哪些？
5. 如何客观认识新媒体时代大众娱乐泛化背景下媒介伦理失范问题？

【延伸阅读】

国际传播中媒介伦理的理性回归

媒介伦理理论是经历了“意见自由市场”“社会责任理论”“媒介责任管理”的不断修正与演化发展而来的。法国著名哲学家、社会思想家福柯认为，“人类的一切知识都是通过话语而获得的，任何脱离话语的事物都不存在，人与世界的关系是一种话语关系，话语意味着一个社会团体依据某些成规将其意义传播于社会之中，以此确立其社会地位并为其他团体所认识的过程”。在国际关系的博弈中，国家通过媒介构筑自己的话语体系，形成自己的影响力，这使得由话语建构的媒介环境成为一种具有影响力的社会资源。在媒介全球化的今天，谁获得话语权，谁就可能高效地推行国家外交政策，在国际博弈中占据有利地位。目前，世界各国都在关注国际传播中关于国家议题的媒介形象问题，各国传媒学者也正在将关于主流媒体与国家关系的研究向全方位、多角度视角延伸。但也应当看到，在国际传播中，媒介在构筑话语权的同时亦需强化媒介伦理观。

1. 国际关系的良性发展需要媒介伦理的理性回归

主流国际关系理论学派在论述国际关系建设时基本都涉及了舆论因素。诚然，主流舆论的形成受诸如制度、价值观、历史文化传统、技术等多种因素影响，而传播媒介的存在为主流舆论的形成提供了相对温和的土壤。对此，美国著名记者、专栏作家李普曼的观点极具参考性。19 世纪 20 年代，在以“舆论是由报纸形成”为主流思想的背景下，李普曼在媒介领域内阐述了报纸与舆论两者之间的关系，并对其产生怀疑。在李普曼看来，倡导民主的人们认为报纸是可以治疗自身伤痛的“万能良药”，但是若分析报道的性质、报业经济基础的话，报纸似乎并不完全可以说是导致舆论形成的手段，虽然它确实或多或少地在强调着报道的那个事实。于是，李普曼在其传播学著作《公众舆论》一书中提出了“拟态环境”的概念，在他看来，拟态环境是由传播媒介在人与现实环境之间插入的由大众传媒形成的信息环境。

显然，李普曼时代的媒介环境与现在迥然有异。今天，由报纸、广播、电视、互联网、手机等多种媒体建构的媒介环境下，普通受众能够获得来自世界范围内自己无法亲眼所见、亲耳所听的信息，而获得这些信息的渠道主要还是依靠媒体，传统媒体及其新媒体以强大的新闻采集能力在民众间占据主要地位。但由此衍生而来的问题是正如李普曼所说，我们得到的信息实际上并非客观现实环境的再现，而是经过传播媒体选择、加工以后向人们提供的拟态环境，而且这个拟态环境往往还要受限于“不是看了之后再定义，而是定义之后再去看”的刻板印象之中。普通的信息传播尚且如此，更何况是国际传播。普通受众想要了解国外的信息，获取渠道基本是依靠本国的媒体，就把本国媒体的论点理所当然地认为是客观事实。当普通受众意识不到这个问题时，往往把这种拟态环境当作真实的客观现实环境来接受，并以此来做出绝对真实的行为反应。

也就是说，媒体所传递的信息，将会在民众中拥有强大的影响力，会深刻影响民众的感知，形成民众对事物的意见，甚至引导民众的行为。而现代民主社会一个重要的特征就是能用舆论参与的方式影响国家政策，从而影响国际关系。为了维护国际关系的良性发展，我们需要呼吁媒体从业人员媒介伦理的理性回归。

2. 国际传播中加强媒介伦理观的必要性

经过多年发展，媒介伦理观在不同国家的媒体实际运作中形成了不同的内容阐释。可见，对于大众传播媒介、媒介机构、媒介从业者来说，认识媒介伦理理论是非常重要的，尤其在涉及国际传播报道时，媒体从业人员更应该重视媒介伦理观。

在国际上，媒介伦理理论的提出是为了应对经济发达时期媒体商业化运作所带来的诸多问题。但近些年来，随着媒介技术的持续革新，媒介信息全球化的课题已经毋庸置疑地摆在全世界传播学者面前。在这种媒介信息全球化的大背景下，国际传播出现了新的特征，即国际传播中越来越多的信息开始呈现出清晰化、标准化的趋势。于是，一些欧美传播学研究者结合各国自身实际和不断变化的世界格局，尝试倡导在国际传播中加强媒介伦理观的因素，目的是促进国际关系的稳定与健康发展。

在信息全球化的今天，国际传播中的信息，只有自己知道是没有任何意义的，怎样进行对外传播才是关键所在。但在完成了基本的对外传播之后，国家与国家之间的国际传播还具有更深一层的含义，即除完成国际媒介信息争夺战的基本含义外，在国际传播中各国媒体的信息空间中，还产生了一个不容忽视的国家形象的树立与变迁的问题，这就涉及加强媒介伦理观的必要性问题。可见，一个国家要想在国际传播中占据有利地位，除在媒介技术上不断更新、在媒介内容上扩大国家话语权外，还要加强媒介伦理观，对外树立良好的媒介国家形象。因此，在国际传播中倡导媒介伦理的理性回归非常重要。目前，我国所面临的各种国际关系纷繁复杂，媒体应强化媒介伦理观，为受众营造理性的舆情环境，以促进国际关系向良性发展。

作者：东北师范大学传媒科学学院范颖、吉林艺术学院文化艺术管理学院　范春艳

——选自《光明日报》（2015 年 1 月 11 日）的报道

第七章 经济伦理

经济伦理冲突是自古就有的。古希腊哲学家亚里士多德提出的财富伦理问题、中国先秦诸子百家的义利之辨，都是古代社会实际生活中经济与伦理冲突的理论表现。但是在古代自然经济条件下，经济和伦理的矛盾并不突出，冲突并不尖锐，基本上不构成一个普遍问题。经济伦理真正成为一个问题，发生在现代市场经济社会。因此，经济伦理问题是一个现代性问题。从这个意义上来说，经济伦理学是现代社会中经济与伦理的矛盾不可调和的产物。无论是宏观的社会还是微观的企业，经济和伦理的冲突在全球范围内愈演愈烈。

第一节 经济伦理学概述

经济伦理学是将伦理学应用于经济领域，因而在理论上是一门伦理学与经济学的交叉学科。没有经济学或没有伦理学的理论支撑，经济伦理学的“学科大厦”是绝不可能建立起来的。但是，经济伦理学也不是经济学和伦理学的简单叠加，而只能是经济学与伦理学的有机结合。必须从经济现象本身出发去寻找道德问题，而不是把道德哲学的一般原理机械地移植过来用以解释经济现象；同理，也必须从道德现象本身出发去寻找经济的根源，而不是把经济学的一般原理机械挪过来解释道德现象。

一、经济伦理学的概念

经济伦理学属于外来词，在英文中，经济伦理学对应为“Economic ethics”

“Business ethics”“Economic morality”，翻译为“经济伦理”或“经济道德”。西方经济伦理学史上运用最多的是“Business ethics”，也可翻译为“企业伦理”“经营伦理”等。经济伦理是合成词，由“经济”和“伦理”两个词构成。当然，若简单理解为经济与伦理的结合就过于狭隘了。

在西方经济伦理学发展史上，“经济伦理”的概念最先由德国著名社会学家、历史学家和经济学家马克斯·韦伯于 20 世纪初在《世界宗教的经济伦理》中提出。德国学者彼得·科斯洛夫斯基认为经济伦理是一种以经济文化的伦理为前提条件的理论，是一种以发挥市场调节和价格体制作用为前提的伦理规则和行为的理论。我国学者龚天平认为经济伦理指的是规范和调节经济活动过程中各经济主体特别是企业相互关系的伦理原则和道德规范的总和。

综上可知，“经济伦理学”是以人们日常经济生活领域的行为、现象为研究对象，以一般社会伦理道德规律、准则为理论依据，在社会经济活动中完善人生和协调各种利益关系的基本规律，明确善恶价值取向及该不该遵守行为规定的学问。

二、经济伦理学的性质与任务

（一）经济伦理学的性质

经济伦理学是一门在经济学和伦理学两个学科基础上融合而成的交叉学科，是存在于经济运行和活动中的价值目标、伦理关系、道德原则和道德规范的总和，是经济行为主体及经济政策、法规决策等的价值导向和价值标准。具有以下性质：

1. 交叉性

经济伦理学既需遵循传统伦理学的相关理论、原则，要求经济活动在社会环境中进行，并与社会伦理道德保持一致，又要遵循经济学科中的理论原则，得到经济实践的检验。经济伦理学从伦理角度对经济提出要求，且不以经济合理性为满足，而是以是否满足伦理合理性为目的。其基本目标是尽可能实现经济与伦理的一致性，解决二者冲突。

2．理论性

经济活动中经济主体的决策是否合乎伦理是经济伦理最为核心的部分，直接决定经济活动的价值取向、道义标准等问题。经济伦理学就是关于经济主体、经济决策行为的伦理学，即以主体决策活动中的伦理问题作为研究对象。经济伦理学是从中发现道德规律的理论性研究，建构经济伦理学的理论基础、道德规范的一般性体系，其理论更多体现在宏观政策、制度等方面。

3．实践性

经济伦理学是一门应用学科，具有极强的实践性。因为经济伦理学的研究对象、内容来源于经济活动实践，服务于经济活动实践，并接受经济活动实践的检验。经济伦理学为经济活动、经济运行提供一种伦理视角，提供经济活动的伦理价值取向，告知人们应该如何抉择。经济伦理学的实践性更多体现在中观企业组织和微观个人行为方面。

综上所述，经济伦理学在整个学科体系中，归属于伦理学科，是伦理学科体系中的一个分支学科，属于伦理学科范围中关于经济活动伦理方面的范畴。

（二）经济伦理学的任务

经济伦理学的任务包括两个方面：一是发现经济活动行为背后所蕴藏的道德规律、价值、规范；二是将经济伦理道德规范应用于指导经济活动全过程。经济伦理学的终极目标任务是要解决公共资源的合理分配问题，包括代内分配和代际分配。著名经济伦理学家乔治·恩德勒在《面向行动的经济伦理学》中指出，经济伦理学的中心任务是“为在所有的经济行为层次上改进整个决策过程的伦理质量而做出贡献”。由此，经济伦理学就是要帮助改进经济主体决策的伦理质量，其中包括四个方面：

第一是责任。责任所包含的道德强制力和道德理性，是所有道德规范中最多的，也是社会的道德要求和个人的道德信念结合得最紧密的。从这个意义上说，责任在道德规范的整个体系中是处于最高层次的道德规范。经济伦理的责任就包括了企业经济责任和社会责任。经济主体具备良好的经济责任感能帮助推动企业组织的经济发展，增强实力，提升行业竞争力；具备较高的社会责任感有利于在社会树立良好的企业声誉和形象，提高企业的长远经济效益。

第二是功效。赢利原则是竞争经济的一个历史—结构性的预先规定，是任何企业所不可抗拒的，企业的任何战略规划都必须服从它。功效即功利，功利论是经济活动行为中思考伦理问题绕不开的基本理论基础。仅考虑经济行为的伦理道德，要求其符合社会长远发展、符合生态伦理，在经济实践中是会受到质疑甚至排斥的。但功利并不是经济伦理道德的唯一影响因素，它的价值利益抉择会受到其他伦理道德因素的制衡。

第三是公平。公平是经济伦理中考虑的重要尺度。公共资源的合理分配，核心就是公共资源如何实现最大限度的公平公正。资源使用的分配、资源产出的经济效益分配，必须考虑如何在最大限度上提升公平伦理因子。只有公共资源雨露均沾，这样的经济决策行为才能被大众接受并持久运行。用公平伦理观念分析评判经济行为的伦理道德，还需考虑环境的特殊性、资源的体量、决策者选择公平公正行为的方式方法。

第四是环境。生态经济伦理是当代经济伦理学需要研究的重点之一。纵观古今中外，几乎都有以牺牲资源环境换取经济快速发展的阶段或时期。但从经济发展结果看，牺牲环境却往往会陷入阻碍经济发展的恶性循环。不考虑环境承载能力、不提高资源利用率，环境会反噬经济。因此，经济伦理必须考虑资源环境生态问题，实现经济与环境有效、良性互动，才是经济行为应遵循的伦理道德。

三、经济伦理学的研究对象

经济伦理学的研究对象是经济伦理，即存在于经济活动、运行过程中的价值目标、伦理关系、道德原则和道德规范的总和。这些也是用来约束经济行为的价值依据和判断标准。作为研究对象，经济伦理可以分为三个层面：宏观制度、中观组织和微观个人。

宏观制度层面主要研究对社会经济制度、经济体制的道德评价，关于社会经济政策、经济法规、国家经济职能等方面的伦理问题；经济自由与经济干预是否合理；稀缺资源的分配是否在制度层面实现了社会最大范围公平的公共伦理问题。

中观组织层面主要研究经济组织在决策中的伦理问题。包括企业之间的竞争是否合乎市场经济的伦理道德规则；企业经济体在产品、质量等方面是否承担起对消费者、对社会的伦理责任；在生产过程中是否考虑了资源环境保护等伦理责任。

微观个人层面主要研究个体如企业家、消费者、工人在经济生活中的伦理问题。包括消费者的消费是否合乎节约资源、绿色环保的经济伦理道德规范；企业家与工人在生产、分配过程中是否满足了人的基本需求等内容。

四、经济伦理学的研究原则

（一）理论联系实际原则

坚持理论联系实际的基本原则。虽然作为决策制定者的“经济人”对经济行为的产生会有主观的价值立场，但采取经济决策的价值依据却来源于客观现实。因此在研究过程中不能靠主观臆断和推测，而应依据现实经济环境和经济问题来揭示经济伦理规律。坚持用事物是普遍联系的观点研究经济伦理，因为经济行为的产生、决策的制定往往受多方面因素的共同影响，如企业组织某项决策可能就会受到宏观经济政策环境、公司盈利发展、社会责任等因素的影响。

（二）历史与现实相结合原则

了解经济行为的产生与发展、市场经济的历史演进是研究经济伦理的前提。该内容涉及经济政策、制度，经济领域法律法规的制定、更改等各个方面，还包含追根溯源，把握隐藏在经济行为中的伦理道德源泉，结合当前时代背景、面临的形势应该坚守怎样的经济伦理道德规范。同时，用发展的眼光研究经济伦理问题，在坚持个人发展与社会发展相契合的基础上，探讨经济行为的一般伦理道德。

（三）问题意识和问题研究原则

问题意识与问题研究具体化为对经济伦理何以可能、如何可能与怎样可能问题的探讨。经济伦理学不是为了构建一套关于经济行为的伦理理论体系，而是为了用最接近事实的话语、逻辑体系陈述经济伦理的事实和问题，在厘清经济伦理关系的基础上，运用符合大多数人的利益、一般性道德规范原则解决经济领域问题。

（四）分析与规范相结合原则

分析与规范相结合原则也可以称为立场公正原则。经济伦理本身没有对错之分，只在于价值立场的区别。“规范”要求研究过程中应坚持基本的价值立场。因为经济伦理在关乎公共政策制定时，是否公正取决于决策制定者坚持的价值立场和取向。到底是坚持以少数人的利益还是大多数人的利益为出发点，其经济行为结果完全不同。

五、经济伦理学与其他学科的关系

究竟应当如何看待经济与社会、经济与政治的关系？经济伦理学能不能囿于纯经济的视域？经济伦理学要不要摆脱“原子主义”的思维模式？经济伦理学与经济学、伦理学之间应如何甄别与互融？这些问题的探析是我们正确而全面理解经济伦理学的基石。由前文可知，经济伦理学是经济学与伦理学的交叉融合学科，但经济伦理学不是经济学和伦理学的简单叠加，而是经济学与伦理学的有机结合。

（一）经济伦理学与经济学的关系

按照经济学的定义，“经济”是价值的创造，经济活动是创造、转化、实现价值的过程。从定义来看，经济似乎与伦理并无交集。但从“经济”的历史起源来看，则蕴含伦埋之义。

在中国古代，公元 4 世纪的东晋时代已有“经济”一词并正式使用。如《晋书纪瞻》中的“识局经济”、隋王通《文中子中说》（卷六）中的“皆有经济之道而位不逢”。“经济”是“经邦”“经国”和“济世”以及“经世济民”等词的综合和简化，含有“治国平天下”的意思。在现代，“经济”的英文“Economy”一词源自古希腊语“家政术”。在古希腊色诺芬编著的《经济论》中，经济原意为家庭财物管理方法。而亚里士多德在《政治学》中认为“经济就是一种谋生术，是取得生活所必要的并且对家庭和国家有用的具有使用价值的物品”。后在 19 世纪，日本学者借用古汉语翻译为“经济”。

从“经济”的词源定义演变可以看出，经济活动并不是完全与人无关联的对自然资源攫取、利用的活动。它是在一定社会制度下进行的，经济问题涉及社会各阶层、各群体的利益关系。正如俄国的杜冈·巴拉诺夫斯基所著的《政治经济学原理》中写道：“经济就是人类以外部自然界为对象，为了创造满足我们所必需的物质环境而不是追求享受所采取的行为的总和”，经济活动是为了满足人的需要。主观经济学派的先驱者马斯夏在《经济和谐》中明确指出，“政治经济学的对象是人”，并解释说，“欲望、努力、满足，这就是经济观点中的人”。经济学涉及利益、人的需求欲望，以及人的需要满足与资源稀少之间的矛盾。这就决定了经济学作为一门社会学科不可能摆脱社会伦理道德单纯谈经济现象与经济规律。经济伦理学是以社会经济生活中的道德现象为研究对象，因而侧重从社会伦理视角研究探讨经济问题。经济伦理学的研究对象和内容决定了它与经济学有着必然的、密切的联系。

（二）经济伦理学与伦理学的关系

经济伦理重在“伦理”二字，不同于“伦理经济”落脚点在“经济”二字。经济伦理研究的是在经济活动过程中人的行为的伦理道德问题，而不是伦理道德产生的经济效益的“伦理经济”。伦理学是以人类的道德问题作为自己的研究对象，涉及全人类、全领域的活动范畴，包括了经济、生态、科技、医学等伦理问题。经济伦理是伦理学的一部分，除了普遍需要遵守的伦理规范，更关注研究经济活动过程中的道德现象，讨论的本质问题在于使人们明确经济领域的善恶价值取向及应该不应该的行为规定。因此，经济伦理与伦理学的关系，实质是个性和共性、特殊性与普遍性的关系。

伦理学提出一般道德规范和原则，经济伦理学则是提出经济领域特殊的道德原则和规范。此外，我们也应清晰地认识到在研究经济活动、运行过程中的道德伦理不可能超越一般的伦理道德规范原则。故伦理学为经济伦理学提供研究基础和理论依据，指导经济伦理学的研究。而经济伦理学是对伦理学的补充和发展，是伦理学在经济生活中的具体化研究，用经济现象中的伦理道德研究成果丰富和发展伦理学，提高伦理学的具体性和实践性。

第二节 社会生活中的经济伦理学

经济伦理学既是认识论的，也是实践论的，是理论学科与实践学科的有机统一。经济伦理学要解释经济主体、经济活动的道德现状，不道德的经济决策行为的原因，并指出经济主体走出不道德决策行为的可能性选择。19 世纪以来引发人们生产及生活方式发生巨大变化的全球性经济活动，让争论不休的“斯密悖论”——以利己心为核心的经济观和以同情心为核心的伦理观，仍然在社会生活中博弈。进入 21 世纪，经济全球化浪潮愈演愈烈，不同程度的金融危机时有发生。近年来，随着我国全面深化改革的不断推进，经济领域诸如食品安全、非法融资、生态污染等问题屡屡曝光，引发广泛关注。这是否是经济发展必须付出的代价？如何规避这些风险？

一、宏观制度：政府行政行为伦理

（一）“看得见的手”与“看不见的手”

企业之间的恶性竞争带来的是资本野蛮生长，形成市场垄断，打压其他企业。自由经济学家亚当·斯密在《国富论》中的一段论述给予了资本利润最大化的理论基础，“他一般既无心要去促进公共利益，也不知道他对之正在促进多少……他这样做只是为了他自己的利益，也像在许多其他场合一样，他这样做只是被一只看不见的手引导着，去促进一个并不是出自他本心的目的。”资本积聚扩张是市场自由竞争中的“看不见的手”引导他达成这样一个目标。允许自由竞争追逐个人利益，实现社会整体利益最大化，这是基于理想化的市场竞争环境，如市场信息完全对等、主体理性、竞争完全等。但理想与现实总是存在差距，现实中的市场有其固有的缺陷，也带有一定的盲目性、滞后性，未必能达到理想的市场竞争环境。

关于政府与市场的关系，“看得见的手”与“看不见的手”一直是经济学家所关注的伦理争论焦点，也由此形成了自由市场论和国家干预论。

自由市场论以斯密、穆勒等为代表，斯密主张对市场采取“自由放任”的态度，反对政府对市场的过分干预，认为国家的职能只在于国防、维护市场秩序，以及公共基础设施建设等方面；穆勒认为政府只承担市场主体不愿意或不能完成的事。在他们看来，市场的供给与需求通过市场内在机制总能达到平衡，生产过剩、失业等现象只是暂时状态。

国家干预论主要以约翰·梅纳德·凯恩斯为代表。凯恩斯在《就业、利息和货币通论》中从解决就业问题着手，认为政府可以通过宏观的财政政策、货币政策干预市场活动，以达到市场的和谐、平衡。他正向肯定了政府在市场经济中的作用。而另一位主张构建市场与政府和谐统一的经济体系的学者萨缪尔森则强调："不完全竞争导致价格高于成本，消费者购买量低于效率水平。过高的价格和过低的产出，是伴随不完全竞争而来的非效率标志。"他辩证分析了政府和市场在经济活动中的作用。市场失灵表现在不完全竞争即垄断，以及无法有效阻止污染环境的企业生产，无法保障公共品（如基础设施、水电、教育、卫生等）的稳定供给等方面。所以经济活动需要政府的干预。在萨缪尔森看来，市场经济是迄今为止效率最高的经济形式，具有原始分配的客观公正性，但也无法避免市场的缺陷。因此，政府必须担负起对市场经济管理的伦理责任，鼓励竞争、反对垄断，减少污染环境的经济活动；改善收入分配以促进社会公平正义；促进国民经济稳定增长等。

（二）政府与企业之间的再分配"博弈"

分配正义一直是经济伦理学讨论的重点，分配问题如何做到法律的合法性和道德正当性是维护分配正义的基础。日本社会心理学家古畑和孝提出了三种公正的分配方法：一是公平分配，根据劳动贡献大小进行分配，适用于人类的经济活动，提高经济效益；二是平均分配，不管贡献多少，平均分配，适用于朋友之间维持良好的社会关系；三是按必要性进行分配，根据各人需要进行分配，适用于家庭内部进行，促进个人幸福和发展。

绝对公平分配虽然在理论上做到了道德的合理性，但实施起来却损害了积极劳动和付出者的利益，"保障"了不劳而获者的利益，有损劳动积极性，不利于社会生产力进步。当然，平均分配在物质生产水平低下的年代是适用的。这一时段，生产几乎没有剩余，只能按人头满足个人的基本生存需要，这一分配方法也可以适用小范围、少部分群体的利益分配。显然，现阶段按必要性进行分配还不合适，按需分配适合于建立在物质财富极大丰富基础上的共产主义社会阶段。我国现处于社会主义初级阶段，物质生产力仍有待提高，每个人的诉求不同，还无法以按需分配平衡供给需求关系。

自由竞争的市场是根据劳动者的效率分配报酬，不是根据道德标准进行分配。所以分配多与少不一定与需求的大与小成相当比例。那关于效率与公平如何协调呢？新自由主义经济学家哈耶克强调市场效率，反对利用国民收入的再分配人为干预制造平等。“由于特殊干预行动对自发过程中造成的分配情况的纠正，就某个原则同等地适用于每个人而言，从来不可能是公正的。”在他看来，国家财政收入是将某一部分人的财产收入分给另一部分人，这是不公平的，也会损害生产积极性。他比较赞成通过机会公平保证效率。新剑桥学派经济学家的福利思想与哈耶克观点不同，认为收入分配更多涉及人与人之间的关系问题，收入分配公平应在不同经济制度下考虑，主张公平优先。对于公平问题，罗尔斯在《正义论》中提出：“所有的社会基本善——自由和机会、收入和财富及自尊的基础——都应被平等地分配，除非对一些或所有社会基本善的一种不平等分配有利于最不利者。”在罗尔斯看来，即便是一种不平等的差异分配，也应考虑最不利者的最大利益，这是相对公平。

通过国家税收帮助实现社会公平是较为合理的做法。国家有义务平衡社会利益，但不能强制干预、强制平衡分配。没有无权利的义务，也没有无义务的权利。对企业而言依照宪法、税收法律和行政法规的规定依法纳税是应尽义务，企业也可以依此塑造企业守法诚信的良好形象，这也是一种道德责任。“因为作为一个有理性的东西，他必然愿意把自己的才能，从各个不同的方面发挥出来。”但分配的公平是一个系统过程，不是依靠一次慈善、施舍就能实现的。

因此，我国社会主义初级阶段分配制度实行“以按劳分配为主体、多种分配方式并存”，是由我国的社会经济条件决定的。这种分配制度注重公平与效率的结合，初次分配注重效率，再分配注重公平。因为“按劳分配”适用于所有行业，但不一定能兼顾所有老弱病残等劳动弱势的劳动者。再分配主要通过财政税收制度，按照“取之于民、用之于民”的原则，从教育、医疗、卫生、养老等保障体系实现再分配的公平。中国特色社会主义市场经济在初次分配中注重效率，尊重市场内在调节机制，在再分配中注重公平，调节收入分配差距。尊重市场经济的一般伦理准则，又体现出社会主义制度的特色，兼顾效率与公平。

二、中观组织：企业的经营行为伦理

企业作为经济活动的细胞主体，从定义看“企业是以营利为目的组织”，那为什么企业在追求经济效益的同时要讲求社会效益、担负社会责任呢？因为企业的经济活动行为是在社会环境中进行的。经济行为离不开社会大环境、离不开人，因此，企业必须考虑经济效益和社会效益的结合。而社会效益和社会责任是企业应该遵循的伦理道德。作为中观层面的企业组织，主要对应以下几种关系。

（一）企业与员工利益共生

企业与员工的关系存在于经济活动的生产环节和分配环节。就生产环节而言，主要是企业现代管理的伦理道德，即应该坚持什么样的伦理道德原则。其中最为核心的便是以人为本的人文关怀原则。这属于代内公正，不能为一部分人的发展而损害另一部分人的发展，如压榨工人的劳动时间、牺牲工人的健康等。人劳动的目的是生存，为了从劳动中获得快乐，为了个人自由而全面的发展，而不是将劳动视为活下去的唯一途径。马克思谈劳动异化时说：“工人在劳动过程中感到不是幸福，而是不幸，不能自由地发挥自己的体力与智力，而使自己肉体受到折磨，精神遭受摧残。……劳动不是自愿的劳动，而是被迫的强制劳动。”著名的霍桑实验也证明，能提升生产效率的因素在于：被企业认可、重视、尊重的团队归属感以及工人之间的和谐关系。

就分配环节，企业给员工的劳动报酬属于初次分配。按照社会主义市场经济制度的分配制度，初次分配注重效率，但也应该注重公平。公平包括个人价值输出与输入对等的公平和员工内部的分配公平。个人价值的输出与输入对等是指劳动报酬与劳动付出本身对等。经济伦理学界在讨论劳动报酬公平分配时认为，由于市场竞争机制，商品价格不仅由价值决定，还由市场需求供给决定。所以劳动者的价值或价格受生产的影响，也受交换的影响，收入分配也是市场化的，但在实际中却并非如此。如果抛开市场供求关系影响商品价格，商品生产者与商品所有者之间的分配是否公平？答案也是否定的。按照马克思对劳动力价值的定义，生产剩余价值的是劳动者，劳动力作为商品，原材料转化为产品，价值变化是劳动力价值的增值。因此，利润很大一部分应归属于劳动者，但从普遍的企业报酬分配来看，并不如此。如何减少企业对工人的剩余剥削，也是当前经济伦理研究的重点之一。

对于员工内部以及行业之间的分配平等问题，根据美国行为学教授亚当斯提出的公平理论，认为人的工作动机不仅受所得绝对报酬的影响，而且受相对报酬的影响，即一个人不仅关心自己收入的绝对值，而且关心自己收入的相对值。通过比较，使个体产生公平感或不公平感。例如，不同岗位之间、同一职务因不同工作任务分工等都会存在有失公平的地方。因为个体在努力程度、性格等主观方面存在差异，在运气等客观外在也会有不同。如前所述，初次分配注重效率，也会考虑公平，但总体而言多劳多得、少劳少得。这其实是从经济效益回报划分劳动报酬，并不一定符合道德正当性。但如果仅按照道德正当性进行分配，经济效益会受到损失。因此，经济合理性与道德正当性的和谐一致，需要权衡，也需要从分配机制、竞争机制保证源头机制的公平。

（二）企业之间公平竞争

公平是自由竞争的伦理精神，要求市场主体在同一条件下共同参与市场，接受道德价值规范的约束。企业与其他企业之间应坚持互利共赢的原则，遵纪守法，公平竞争，确保交换手段的正当性。

首先，允许企业平等地参与市场竞争，保障其法律地位的平等，参与竞争的法人平等，无市场规模大小的等级之分，不得设置为巩固垄断地位的行业准入门槛，包括收取高昂的会费、设置地方保护政策等。

其次，市场主体采取正当合法竞争手段，不得使用非法手段。明确市场交易主体的权利与义务。市场主体平等、共同参与，也意味着平等地履行义务、承担相应的风险和责任。

最后，在平等竞争环境中实现互利共赢，讲求协商合作，摒弃恶性竞争、一家独大等不良竞争。企业不得因自身优势而强加竞争条件，以不正当手段获取利益。不正当竞争手段主要包括垄断、限制竞争行为及其他不正当竞争行为三大类。

（三）企业与消费者之间信任维护

企业与消费者之间应坚持诚实守信的原则。关于产品质量，一些学者将其归在生产伦理里，本书主要从企业与消费者双主体的角度，探讨应该遵循的经济伦理道德。按照市场经济规律和交易原则，商品实行等价交换。其中，等价交换就包括商品的质量保障和等价交换。产品质量不仅关涉伦理道德，更关系企业的长远发展。近年来关于产品质量的社会问题屡见不鲜。如家用电器漏电、手机爆炸、公路桥坍塌事故、楼房质检不合格等，我国在每年的“国际消费者权益日”都会通报一批违规商家。产品质量是企业的生命，决定着企业的生死。虽然市场竞争会给企业带来一定的竞争压力，但产品质量才是长远发展的保障。古人云“君子爱财，取之有道”。要想追求产品经济利润最大化，首先应保证产品质量，生产经营行为符合道德、法律的正当性。

商品买卖行为应在正当竞争环境中，遵守自愿公平的原则，诚信交易。企业应对消费者诚实讲信用。孔子曰：“人而无信，不知其可也。”对企业而言，诚信包括商品质量诚信、广告营销诚信以及企业对社会的诚信等。消费环节是决定企业再生产能否继续的“惊险一跃”，企业应该认识到企业与消费者是利益共生共同体，损害消费者的权益就是损害自己的利益。宋儒周敦颐说：“诚，五常之本，百行之源也。”诚实守信、货真价实、童叟无欺，这是我国自古以来的商业伦理，兼顾经济效益和社会效益，注重树立良好的企业形象，维护良好的商业经营关系，有利于企业长远发展。经济伦理学家 P. 普拉利强调：“在商业活动中，经济人不断地用一种伤害交换伙伴的方式追求利润，结果也只能导致交换伙伴的离你而去。”

（四）企业对社会的伦理责任

企业对社会的伦理责任，主要体现在法律的正当性和道德的正义性。法律的正当性除上述企业对员工、企业对企业及企业对消费者的伦理责任之外，还包括企业在生产经营发展过程中与社会生态环境保护的伦理责任。企业的道德正义性则体现在企业对社会的馈赠方面。

恩格斯曾说："人类不要过分陶醉于对自然的胜利，对每一次胜利，自然界都进行了报复。"人属于自然界的一部分，人不能无节制地从自然界攫取，而是要懂得遵循自然规律，适度取舍。近年来企业为追求利润最大化而导致环境透支、资源枯竭遗留的矛盾不断加大。人与自然是生命共同体，企业追求经济效益的同时不能损害其他人的利益，即社会效益。企业是社会中的企业，现代企业的发展仅承担经济责任，势必会加剧企业肆意踩踏其他人的利益。现代社会对企业的期望也远不止依法纳税、提供就业等传统责任，还包含兼顾经济效益和环境利益，树立生态环境保护意识，转变现代企业绿色环保经营理念等。

企业是社会中的企业，无法脱离社会而单独运行。企业取之于社会、用之于社会。企业承担社会责任与企业提升经济效益是相互促进的。企业对社会的伦理道德责任应该是超脱追求自身经济利益的责任，是面向整个社会集体而承担的责任。企业承担起社会责任，也为自身树立良好的企业形象，提升企业的社会地位和影响力。如企业建立慈善基金帮助弱势、困难群体；参与乡村振兴帮扶农村发展；应对突发灾难捐款、捐物等。企业形象是企业取得成功的重要因素之一，是企业对社会的情感体现与责任担当，能赢得大众对企业的信任。

三、微观个人：个体的消费行为伦理

消费作为社会再生产的重要环节之一，反作用于生产，对生产的结构升级起着导向作用。在《政治经济学》中，马克思将消费分为生产性消费和生活性消费。生产性消费是指为了满足社会再生产需要而进行的劳动力、原材料等消费；生活性消费是指为了满足个人的生存和发展需要而进行的消费。

本书主要探讨的是生活性消费主体在经济活动中的伦理道德。生活性消费的主体一切消费行为的出发点和落脚点都是满足个人需要的。需要是一切行为产生的核心，由此延伸出动机、欲望、情感、意志等促使行为的因素。因此，在探讨消费者的伦理道德时，主要从作为消费主体的人的需要出发。

马克思曾说："我们的需要和享受是由社会产生的；因此，我们在衡量需要和享受是以社会为尺度，而不是以满足它们的物品为尺度。因为我们的需要和享受具有社会性质。"但在社会实践中，却往往因物欲的过度膨胀出现享乐为主的消费观念，甚至是超出消费者承受能力的炫耀性消费、满足低俗趣味的非健康科学的消费行为，以及以食野味吸引眼球的猎奇消费心理等。人们的消费行为总是受消费观念的指引，社会的道德观念渗透于消费者的消费行为之中。因此，作为消费者，更应理性的思考以下问题。

（一）人应该禁欲还是享乐

关于禁欲和享乐之分，主要针对物质需要和精神需要两个层面探讨。在西方，禁欲主义源自西欧中世纪的宗教传统，以基督教禁欲主义最为典型。

我国宋代理学家朱熹也主张“存天理，灭人欲”，朱熹提出的“人欲”多指超出人的基本需求的欲望，如私欲、贪欲、淫欲等，“问‘饮食之间，孰为天理，孰为人欲？’曰‘饮食者，天理也；要求美味，人欲也。’”“学者须是革尽人欲，复尽天理，方始为学”。天理是人的本性，是善的；人欲是超出天理范围之外的欲望需求，是恶的。天理和人欲是相对的。朱熹所指的“人欲”也不仅是人们对物质的简单需求，而是违背社会发展规律、破坏社会发展秩序的个人私欲。

与禁欲主义相反的是享乐主义，主张放纵人的欲望，追求当下的快乐。享乐主义最早产生于古希腊的爱利亚学派。在最初的定义中，享乐主义并非消极的价值观。最具代表性的伊壁鸠鲁的伦理学认为快乐是生活的目的，是天生最高的善。亚里士多德学派认为人的自然本性是趋乐避苦。享乐主义的理论基础源自19 世纪英国哲学的功利主义，坚持“所有行为皆是基于要给最多的人数获得最大的快乐”。人生的目的和意义在于追求个人的物质享受，满足基本的生理需要，得到肉体的快乐。以快乐还是痛苦作为道德价值的衡量标准。随着科学技术进步、社会生产力发展、物质财富日渐丰富，享乐主义随着个人主义、拜金主义的泛滥，被狭隘理解为极端享乐主义。但此时的人们在物质资料的消费中，并没有获得真正的快乐和幸福，因为这些消费行为往往受到饥饿营销的刺激，为了消费而消费，而不是为了满足自身需要而消费。所以消费行为的结果并未带来需求满足的快乐。狭隘的极端享乐主义是指人尽情追求和享受物质带来的刺激，但这些往往会使人的意志更加消沉、精神更加空虚，缺乏进取精神，也会造成社会资源的浪费。因此，依靠消费来满足欲望，带来快乐，只能是饮鸩止渴。消费者应该坚持感性与理性、物质与精神的协调统一，既不鼓励苦行僧式的禁欲主义，也不主张片面追求物欲的享乐主义。

（二）人应该节俭还是奢侈

在经济伦理学中，有两个词叫“过度消费”和“消费不足”。周中之在《经济伦理学》中提出“过度消费”是指消费增长幅度超过了生产增长幅度而形成的资源配置的不正常的格局。“消费不足”则是指消费增长落后于生产增长幅度。

“过度”可简单理解为超出个人经济收入和财政的承受能力而产生的消费行为。过度消费行为在我国主要有三种突出表现和类型：超前消费、炫耀性消费和病态消费。超前消费即提前消费、享受。当然，适度的提前消费是合理的，如在经济预期承受能力范围之内贷款购房购车等。但若超过自身预期支付能力，追逐潮流、新奇，攀比跟风等便是不合理的。炫耀性消费是为了向周围亲戚、朋友炫耀自己的“财富”而进行的消费，是一种虚荣心理的满足，不是个人基本生活需要的满足。病态消费是反常的、不理智的消费行为。过度消费在一定程度上造成社会资源的浪费，甚至带来不良消费风气，也会造成贫富差距感，不利于社会和谐。

另外，不足消费也不完全是好的。造成“消费不足”的原因有多方面，如经济发展缓慢、人们的收入整体降低。由于经济收入缩减，人们的消费意愿降低以实现平稳过渡。消费能力有限，消费意愿下降，导致消费不足，不能刺激生产，生产流通不畅，致使社会生产力下降，陷入经济疲软的旋涡。当然消费不足还受中国传统消费和生活观念的影响，在传统观念里，节俭、谨慎等美德都会限制我们的消费理念——不过度、不浪费。

亚里士多德说“符合中道原则的消费才是应该肯定的，因为‘过度和不及都属于恶，中道才是德性’”。因此，消费者应该坚持适度原则。首先明确消费是为了满足个体需求本身而不是为了消费而消费；其次，在自己经济条件允许的范围内消费；最后，坚持适度、理性消费。

（三）人应该只顾眼前需要还是顾及代际持续

人的欲望是无穷尽的，但自然环境承载能力是有一定限度的，自然资源也是有限的，尤其是不可再生资源，如石油、煤、天然气等。随着社会经济的发展，人类的收入和生活水平也在不断提高，但不能因为人类社会的发展便认为人类可以摆脱自然界。要始终认清人是自然界的一部分，人对待自然环境资源的态度，也是自然环境资源回馈人类的态度。消费注重环境生态的保护是一种代际公平传递的坚持，即坚持可持续性发展。消费过程中考虑子孙后代的资源需求、环境的可持续性发展，因为资源再生的速度跟不上人们的消费速度。因此，我们不能不顾及代际公平而一味消耗资源，这对后代人极为不公平。

第三节　现代经济伦理的价值旨向

经济伦理是社会现代化的产物，是市场经济建构的基础，是企业文化的核心，影响着企业和个人的生产、经营、流通和消费。经济伦理也是现代化的必要的观点基础，为现代道德和现代文化体系提供了新的理论支点，切实促进中国式现代化的进程。

一、共享经济时代的伦理追求

共享时代的到来给经济伦理发展带来新的挑战。共享经济发展的背后是信息技术革命，也是人的创新、创造能力的驱动。共享经济实质是一种资源整合、共享的过程，共享的不是商品“所有权”而是“使用权”，追求的是提高资源利用效率、节省投入成本，使资源效用价值最大化。共享经济提倡的是节约、整合的消费伦理，也是一种理性消费。

工业革命时代，物质飞速发展，打开了人的欲望闸门。人的消费目的不单纯是满足需求，更是占有欲望的迸发，造成供给与需求“错位”，供给不能有效满足需求，造成生产资源浪费。

共享经济时代更加追求理性消费，人的消费目的回归本质，根据需要适度消费，秉持理性。消费决定生产，理性消费促使高质量生产，有利于减少企业资本的追逐，维持良好的市场秩序。此外，共享经济的租赁使用费用远低于购买费用，能减少奢靡、攀比的消费风气，也能在一定程度上营造平等的消费氛围。

当然，共享经济时代也需要更高的经济伦理自觉。因为没有产权归属意识，人们可能会降低爱护共享物品的责任感，如乱放共享单车、偷窃共享物品据为私有等不道德行为，值得人们进一步增强意识，加强管理。

二、数字化经济时代的伦理追求

电子商务领域流行一句话："当你在免费享受服务的同时，你已经成为一项产品。"数字化经济既涉及电子商务、云计算、网络安全等数字产业，也涉及互联网、大数据、人工智能与实体经济的融合，包括网络购物、电子货币、电子音乐、电子食品等。

数字化经济时代对伦理的要求更多是信任和安全。因为在数字化经济时代，产品被电子化、顾客被数据化。如果你经常在某电商平台购物，平台会根据你的浏览记录、消费记录，分析你的消费偏好，以此推算结果推荐相关商品。某种程度上讲，你的消费是"不自由"的，被限制了消费的范围和内容，你的隐私不再"隐私"。此外，微商和直播带货销售中的商品价格有时特别低，那商家能获得什么？是大数据。商家除了需要客户数据，更是以贩售客户信息为生财之道，因为数字化经济时代数据就是资源。数据平台的开放，工作与生活界限模糊，这些给网络诈骗、信息犯罪留下了有机可乘的缝隙。如何保障客户信息安全成为数字化经济时代的衍生问题。

数字化产业的到来，也让我们看到一些流水生产线被人工智能替代，成千上万名工人被"一个按钮"取代，生产一线工人该何去何从？数字化时代以信息技术为依托。或许未来还会有更多消费新形式出现，面临更多的伦理道德抉择。经济伦理道德追求平等，如何让数字经济空间下沉，让更多人共享数字技术的红利，或许会面临更大的伦理困境。

三、绿色经济时代的伦理追求

绿色发展理念主要围绕经济发展与环境承载力，围绕可持续发展的问题，解决的是经济发展与生态环境保护、节约资源的关系平衡问题。绿色经济是以市场为导向、以传统产业经济为基础、以经济与环境的和谐为目的而发展起来的一种新的经济形式，是产业经济为适应人类环保与健康需要而产生并表现出来的一种发展状态。用环保技术、清洁生产工艺等有利于环境的技术转化为生产力，并通过有益于环境，或与环境无矛盾的经济行为，实现经济的可持续增长。绿色经济更加注重资源的节约、资源利用率的提升、环境的保护以及人的健康三方面内容。因此，绿色经济追求的伦理道德原则是环保、节约和健康。此外，绿色经济也是一种循环经济，需要形成环保产业链，正确理解“垃圾是放错位置的资源”。

迎合绿色经济发展需要强硬的技术做支撑，非一朝一夕可以达成。在此过程中难免出现恶性竞争、技术垄断打压等违背经济伦理原则的问题。因此，提升企业经营者绿色环保健康的伦理道德自觉，还需多方发力。

四、经济全球化时代的伦理追求

如亨廷顿所言，人类正在步入一个崭新的时代，它要求我们必须学会在不同的文化中和谐相处、和平交往、共同生活。经济全球化是不可逆的必然趋势，大数据、人工智能、物联网等高科技产业的发展使国家与国家之间的经济联系更为紧密。经济全球化也是机遇与挑战并存。那如何适应经济全球化的发展？如何在经济全球化时代坚持经济伦理价值规范？

经济全球化是商品、技术、信息、服务、货币、人员、资金、管理经验等生产要素跨国跨地区的流动。世界经济日益成为紧密联系的一个整体，经济全球化是当代世界经济的重要特征之一，也是世界经济发展的重要趋势。经济全球化时代需要企业更高的道德自觉。经济全球化突破国家和地区的地域限制，扩大了生产、交易的范围。在与其他国家的贸易往来中输出不仅是商品，更是文化、是国家形象和声誉。作为本国企业来说，应严格把关产品质量。国家与国家之间的企业讲求信誉、信息对等、良性竞争。进入 21 世纪以来，经济全球化与跨国公司的深入发展，既给世界贸易带来了重大的推动力，也给各国经贸带来了诸多不确定因素，使其出现许多新的特点和矛盾。这也引发我们更多地反思经济全球化趋势下的伦理问题。例如，面对全球性问题的挑战，各国在应对中应遵守怎样的伦理道德规范，担负怎样的伦理责任？是选择“单边主义”还是“多边主义”？对此应以“正确义利观”为导向，明确国家与地区之间是利益共同体，国家之间应坚持互利共赢，摒弃零和博弈，促进经济多极化发展，共同构建人类命运共同体。

课后思考题

1. 经济伦理学的任务是什么?
2. 如何看待宏观、中观、微观层面的经济伦理问题?
3. 现代经济伦理的价值指向是什么?

【延伸阅读】

共享经济时代的消费伦理思考

对伦理问题讨论,是对时代性的人类问题的理论自觉和哲学反思,而消费伦理就是为人的过度消费行为设定必要的原则,其建设前提应是人类的可持续生存。因此,无论是个人还是社会,消费的目的都应该是正当、正常、公平的,而不应该是奢靡、过度、标签化、错乱、攀比、超前、破坏生态的,一句话,消费伦理的构建与引导,既应该是个体意识的合理反映,也应该体现社会伦理的自觉需求。共享经济时代内在的“平等”“共享”“适度”理念,深刻影响着当前我国消费伦理的构建,必须给予积极的思考与回应。

共享经济时代需要构建与社会主义国家美好生活需要相联系的消费伦理。追求单纯物质商品享受的消费伦理观,只会生产出“单向度的人”。党的十九大报告指出:“人民美好生活需要日益广泛,不仅对物质文化生活提出了更高要求,而且在民主、法治、公平、正义、安全、环境等方面的要求日益增长。”从“站起来”,到“富起来”,再到“强起来”,进入新时代的中国,所要构建的消费伦理观,不仅要能体现出对个人市场化消费价值取向的满足,还要能与新时代中国特色社会主义的发展要求相适应。共享经济体现的是自由与平等、合作与分享的消费伦理观,正是与人民日益增长的美好生活需要相联系的消费观。因此,我们要加大对共享经济模式和内涵的研究,尽快建立起符合国情的、与社会主义国家美好生活需要相匹配的消费伦理。

共享经济时代需要构建适应全新的人与人之间消费关系的消费伦理。消费关系是在生产消费中形成的物与物、人和人、人和自然的经济利益关系，贯穿生产、分配、交换过程中，也形成于人的价值观和行为选择中。共享经济的伦理学意义的本质是利益共享，是在信息技术高速发展条件下对利益关系的重组，因此也意味着对生产与消费关系的重设。反映到其现实性上，就表现为在人与人之间建构起了全新的消费关系。在共享经济时代，人们通过消费活动，实现自我认知的同时，还与他人发生着频繁的交往和联系。这种共享经济时代的新型人际关系，是由有着共同偏好的消费主体通过交易平台及消费社区形成的，因此，必须有与时俱进的消费伦理作为指导，才能形成和谐、幸福、共同信任的依赖关系，才能继续支持人们去探索或者迎接更新、更快、更强的挑战。

共享经济时代需要构建助力新发展观的消费伦理。因为共享理念的发展和技术的进步，共享经济时代在时间和空间上实现了惊人的扩大和延展。首先是消费的内涵扩大，共享经济随着技术的发展，使消费内容变得无所不包。其次是消费的外延扩大，因为技术便捷，时空拓展得以更全面，消费行为遍及四面八方。共享经济也强调要立足于对资源的高效利用，进而去建构与自然的和谐关系，倡导通过新的资源分配模式，实现节俭和循环利用。党的十九大报告指出："建设生态文明是中华民族永续发展的千年大计。"因此，实践的发展对哲学时空观提出了新挑战，新的消费道德伦理的建立迫在眉睫。共享经济时代的发展模式，对应的应该是一种和谐的消费伦理，提倡的是全社会树立一种均衡消费、适度消费，保护和节约宝贵的资源，使生态能够实现充分的、均衡的发展，实现代际公平，实现可持续发展。只有在时间上提供更自由的选择，在空间概念上实现人的全面发展，才是实现真正意义上的共享。

（作者：首都师范大学马克思主义学院　李娅娌）

——选自《光明日报》（2017 年 11 月 13 日）的报道

科学研究伦理　第八章

有人认为，科学研究是客观的，与伦理无关。然而，科学知识生产方式的转变、科学研究的巨大经济社会价值和科学研究伦理发展滞后在 20 世纪给人类带来的惨痛教训告诉我们，科学研究与伦理息息相关。我们将从历史角度切入，讲授科学知识生产方式的变迁和科学研究伦理的演变过程；关注点聚焦于科学研究伦理的三个方面，即对科学研究对象的保护、科研成果撰写和发表的相关规范和科学研究的社会责任；分析各国发展不平衡带来的伦理倾销问题。

第一节　科学研究与伦理

长期以来，科学研究由社会精英自发进行，社会对科学研究抱有乐观的期待，相关的伦理问题并未受到重视，导致科学研究伦理的发展长期滞后。由此，终于在 20 世纪酿成恶果。第二次世界大战（以下简称“二战”）后，经过社会各界的努力，逐渐发展出一套科学研究的伦理原则。

一、科学知识生产方式的变迁

科学知识的生产方式经历了由少数精英单打独斗式研究向专业化、制度化研究的转变。在原有的“学术科学”的基础上，“产业科学”开始崛起和繁荣。科学研究不仅寻求客观知识，也追求经济社会效益。

（一）科学研究内涵的演变

近代科学曾经过长期的自由摸索阶段。在这个阶段里，科学研究带给社会的益处或福利并不显著，许多科研成果的大规模应用需要很长的周期。从研究投入来看，大多数科学研究可以由大学实验室支持完成，甚至可以由富裕的科研人员使用私人资源进行，如亨利·卡文迪许利用继承的丰厚遗产进行了大量的研究。从研究人员身份来看，致力于科学研究和在科学研究中处于支配地位起主导作用的大多是一些非专业科研人员和某些知识渊博的人，也常常出现“百科全书”式的著名学者。成为科学的负责人或“主宰者”的大多是社会里面的精英阶级，或者说“绅士”。这些人可以定夺科学研究目前应该解决和处理哪些难题或项目、哪些人可以参与科学研究，以及哪些研究成果可以公开发表。

十九世纪之后，科学研究日益呈现专业化和制度化的特征。科学研究逐渐变成专业学科的研究对象和目标。与此同时，社会也在慢慢接纳科学活动以及认可科学的社会效用。在此进程中，有两大事实塑造了当今社会的科学研究制度化特质：第一，社会已经充分意识到科学研究中所蕴含的现实意义，对科学研究可能带来的现实利益的期望与日俱增；第二，在进行科学活动时，因为广泛采用实验观察法，知识生产的成本越来越高，早已超过了个体和小型科学共同体的承受能力。就像科学学奠基人贝尔纳所阐述的，科学发展摆脱了独立于社会的科研人员个人或科学共同体的行为模式，而被纳入科层组织内。虽然以往的自由探索式的科学研究仍然有一定残留，但是引领科学发展方向的已经是精密组织起来的科学研究团队和机构。

科学生产方式的改变影响深远。大量着力于推进科学应用的公共研究机构和以实验发展为首要目标的企业研究机构崛起，极大地推动和增强了科研成果的实际运用，进而转变了科学和社会两者之间的关系。自二十世纪中叶以来，由于科学技术活动的规模在逐渐扩展，大众早已打破了对学院式科学研究的传统认识。在这个时代下，我们可以看到科学研究的经济维度，或者说是商业取向越来越得到凸显。同时，科学处于必须带来现实利益才能体现自己的作用和价值的功利化的社会环境。

科学的工具化和科学研究行为的趋利化，再加上因为这些因素所带来的并且在不停发生的背离科研诚信的举动，毫无疑问会成为当今时代应该郑重反省并且加以遏制的社会问题。就目前来说，在全世界范围内，科研事业频频遭遇科研不端行为的挑战。原因首先是科研领域有着越来越激烈的竞争。这种竞争大致表现在对资源的渴望。对于任何一个专业领域，从某种程度来说，获取更有优势的资源配置等同占据了发展的优势和制高点。由于科研人员的队伍不断壮大和科研体系内部竞争的日益激烈，名望和声誉这类的问题变得越来越尖锐和引人注目。其次是科学研究的企业化运作模式对科研工作效率的诉求，再加上科学研究必须严格按照一定方法的要求，对科研人员或机构造成巨大压力，甚至可能会使科研行为误入歧途。最后是科研经费的市场化运作模式会在一定程度上让科研人员和机构为了获得科研项目而进行激烈竞争。这种竞争如果发生在一个缺乏公平公正的运作程序和优良的环境，势必会给科研人员带来负面影响。

（二）科学规范的变革

科学社会学开创者罗伯特·默顿提出“科学的规范结构”这一概念，他认为，科学是一种社会建制，而科学得到运行机制在于奖励系统和规范系统这两者之间的互动交流。在这其中，科学的自我控制系统就是科学规范。然而，科学规范不只包含了认知活动的技术规范，还包含了科研活动的行为规范，即诚信规范。在 1957 年发表的《科学发现的优先权》中，罗伯特·默顿提出了五条科学行为规范：公有主义、普遍主义、无私利性、独创性以及有条理的怀疑主义。

自从罗伯特·默顿提出“科学的规范结构”后，“科学研究”的内涵不断演变。与早期学院科学相较，后学院科学作为一种新的科学形态，它的本质特点就在于，它在原有的“学术科学”基础上，更加突出了“产业科学”的崛起和繁荣。这一科学发展的新图景正在逐渐地为社会所认识和认可。在这个进程中，新的科学形态显现了单纯的认知导向的学术科学与实际应用导向的产业科学的相互渗透。前者以学术自由和独立为前提条件，以寻求客观知识为首要目标；而后者以研究资源的合理分配和有效使用为先决条件，以科学的实际经验和社会效益为主要目的。

由于学术科学和产业科学的价值目标不同，各自的规范体系也就大相径庭。同时存在于现代科学系统中的这两组规范在很大程度上会使得负责任的研究实际面对某种矛盾。例如，越来越多的来自产业科学的保密、部分公开要求和保护性专利及知识产权，对“无私利性”和“公有主义”等传统学术规范构成了挑战，而在巨大利益面前，多人合作中“署名”“排序”的价值空前提高，对科学研究伦理提出了新的挑战。

二、科学研究伦理的历史演变

第一次世界大战、第二次世界大战后，科学研究伦理开始兴起，经过诸多组织和个人的不断倡议，当今科学研究伦理已形成一套共同原则。

（一）科学研究伦理缺乏的恶果

长期以来，科学研究缺乏伦理规范，仅受科研人员个人良心的约束。这种约束在科学技术可能带来的巨大作用面前，在面临权力威胁时，显然是不可靠的，也给世界带来了深重灾难。其中，第二次世界大战时的人体实验最为令人深省。

这些暴行严重违背了人类的伦理原则，导致大量无辜生命伤害与死亡，因而受到全人类的谴责。它们留下的不仅仅是极有争议的数据应用和道德责任问题，更多的是在科学技术发展成为时代进步标志的今天，在诸如此类以极其不道德的技术手段获得的数据面前，当伦理原则与道德良心受到剧烈的撞击，要求直面回答技术与人谁更具有合目的性时，人类自身该如何抉择。

（二）“二战”后科学研究伦理的兴起

国际社会从“二战”后的三次审判（纽伦堡、克拉科夫和哈巴罗夫斯克审判）中汲取了教训，并奠定了科学研究的伦理原则和底线。纽伦堡审判后，产生关于科学研究的《纽伦堡法典》(Nuremberg Code，又称《人体试验行为规范》，1946 年公布）包括 10 项内容，第一项规定了在任何涉及人的科学试验中，“受试者的自愿同意绝对必要”，第四条“实验进行必须力求避免在肉体上和精神上的痛苦和创伤”，第五条“事先就有理由相信会发生死亡或残废的实验一律不得进行，除了实验的医生自己也成为受试者的实验不在此限”等。更重要的是，在关于人体试验的纽伦堡法典之上，完善并催生了现代科学试验伦理的一系列金科玉律。这三次涉及“二战”中科学研究犯罪的审判具有的深远意义不只是伸张正义，更重要的是为后世创立了科学研究的伦理规范。

针对不道德的实验活动，世界医学会（WMA）1964 年颁布了《赫尔辛基宣言》，这是“为涉及人类对象的研究活动制订的第一套国际伦理道德原则”。它要求医者“有责任保护研究受试者的生命、健康、尊严、完整性、自我决定权、隐私，并为研究受试者的个人信息保密”。

1998 年美国、欧洲和加拿大的科研人员、哲学家、律师和环保人士在温斯布雷德大会上提出“谨慎预防原则”，要求在做出关于公众卫生和环境隐患方面的决定时务必规避风险，尤其要求在预计会造成危害而科学不确定性显著的情况下采取行动。

三、科学研究伦理的共同原则

发展到今天，各国对科学研究伦理已形成了许多共同原则。兰德公司的报告《科学研究中的伦理》考察了跨越国家疆界的伦理规范，辨识出各学科领域大体应共同遵守的十项伦理原则。

一是社会责任，研究人员和研究必须为社会谋福利。二是仁慈，研究人员应以研究参与者的利益为目标，争取研究的利益大于风险。三是利益冲突规避，研究人员应尽量减少财务和其他因素对研究和研究参与者的可能使研究结果产生偏差的影响。四是知情同意，所有研究参与者必须自愿同意参与研究，不受经济利益或其他胁迫的压力，必须了解研究及其风险。当参与者不同意参与研究或弱势群体参与研究时，研究人员及其机构必须采取具体行动保护参与者。五是诚信正直，研究人员应诚信正直，充分报告调查结果，尽量减少或消除方法中的偏见，披露基本假设，不捏造数据、伪造结果或遗漏相关数据。六是不歧视，研究人员应避免研究对特定群体带来好处。七是不剥削，研究人员不应剥削或不公平地利用研究参与者。八是隐私和保密，研究参与者有权控制研究人员获取其个人信息，包括如何看到、接触或获取其信息。九是专业能力，研究人员应只从事有资格从事的工作，并参与培训，提高自身技能。十是专业纪律，研究人员应通过实践、出版和交流、指导和教学等活动，推动符合伦理的行为，开展符合伦理的研究，并帮助其他研究人员开展符合伦理的研究。

第二节 科学研究中的伦理

科学研究伦理体现在科学研究的全过程中。作为研究主体，科研人员有责任保护科学研究对象，无论是人类受试者、实验动物还是非生命研究对象。作为研究参与者，科研人员在科研成果撰写和发表时要遵循学术界的一整套规范。最后，当代科研人员还应思考研究对整个人类社会的责任。

一、对科学研究对象的保护

发展人类的物质文明和精神文明是科学研究的根本目的。一味地追求研究结果而不顾研究过程，损害研究对象的利益，显然有悖于科学研究的根本目的和人类伦理的根本准则。由此，我们必须保护科学研究的对象。

如前所述，有关研究对象保护的问题真正地引发人类社会的广泛关注和热烈讨论，是从“二战”时期及之后的一系列事件开始的。这些事件让人们开始反思科学技术发展中所必须要面对和防止的不能被伦理接受的风险，特别是在医学、生物学领域。近年来，随着科学技术的发展和应用范围的扩展，以及研究对象的复杂性，所产生的社会风险和伦理问题也越来越多，涉及克隆技术、干细胞研究、基因研究等生物技术前沿研究中的研究对象保护问题。

（一）对人类受试者的保护

研究对象的保护最受关注的是人类受试的保护问题。人类受试是指以人作为研究对象，开展相关科学研究的过程。人类受试实验被大量运用于生物学、心理学、医学等领域。在生物医学实验中，人类受试是获取数据资料最有效和可靠的方式。

科研人员若要进行涉及人类受试者的研究，必须是无可取代的，已经到了必须进行人类受试者试验这一阶段。这个科研项目要提交审查材料，并经过伦理委员会的审查批准，之后要严格按照批准的研究计划开展工作。这项涉及人类受试者的试验还必须要确定能收到对社会，以及对受试者个人有利的、有成效的结果，否则就应当禁止这项试验。

人类在进行医学、生物研究过程中逐渐提出了人类受试伦理问题，并总结了可被接受的共同原则，涉及知情同意、隐私保护、伦理审查、利益冲突四个方面。其中受试者的知情同意是极其重要的原则，它要求受试者完全掌握试验的信息，由此自主决定是否参与这项试验。

由于科学实验中研究对象是人这一特殊性，这就要求科研人员首先要详细了解相关的国际准则、法律法规，并且在实践中严格遵守。目前国际上已经有许多关于人类受试者保护的文件，如《世界医学协会基辛格宣言》《纽伦堡法典》《公民权利与政治权利国际公约》《人体生物学研究道德指南》等。中国也出台了相关的法规政策，如《涉及人的生物医学研究伦理审查办法》《人体器官移植条例》《药物临床试验质量管理规范》等。

目前国际上通行的保障研究对象的约束机制是伦理审查制度。凡是涉及人类受试者的研究活动，都需要首先获得专门机构的审批许可才能进行，否则这项科研工作就是违法的。中国《涉及人的生物医学研究伦理审查办法》要求，从事涉及人的生物医学研究的医疗卫生机构是涉及人的生物医学研究伦理审查工作的管理责任主体，应当设立伦理委员会，并采取有效措施保障伦理委员会开展伦理审查工作。医疗卫生机构未设立伦理委员会的，不得开展涉及人的生物医学研究工作。

国际上众多的涉及生物医学领域的期刊在投稿要求中也对伦理审查和实验对象的保护有专门的描述。例如，国际医学期刊编委会指定的《向生物医学期刊投稿的统一要求》中规定，以人为对象的实验报告，应说明实验程序是否符合（所在单位或地区）人体实验委员会制定的伦理道德标准，以及是否符合 1975 年制定、1983 年修订的《赫尔辛基宣言》。不要使用病人姓名、首字母缩写名，或医院代号，尤其在说明性材料中应注意。中国《涉及人的生物医学研究伦理审查办法》第三十一条规定，在学术期刊发表涉及人的生物医学研究成果的项目研究者，应当出具该研究项目经过伦理审查批准的证明文件。

（二）对实验动物的保护

在科学研究中，动物也是科研人员广泛使用的研究工具之一。动物实验是以动物为载体，在特定的条件下进行特定的处理，以得到预期结果的过程。以动物作为研究对象，接受各种实验，人类就可以免受试验可能导致的伤害。因此，动物实验是人类生命科学研究必不可少的手段与方法，对保证人类健康和推动整个生命科学发展起到了重要作用。

实验动物是为了科学研究的目的，而在符合一定要求的条件下饲养的动物，整个生命过程完全受到人为的控制，并在认为可控制的条件下承受实验处理。因此，为了保证实验结果的科学、可靠、准确、可信，动物福利就必须得到保证，且这也是动物自身的需要。

有关实验动物保护问题很早就引起了人们的关注。1822 年，英国通过了第一部禁止虐待动物的《马丁法案》，动物福利由此有了法律保障。之后，世界上许多国家相继制定并通过了禁止虐待动物的法律。

实验动物保护的基本出发点是让动物生存在安乐的状态下，死亡时无痛苦。动物福利是实验动物得到保护的具体体现，是指在饲养管理和使用实验动物的过程中，让动物免受不必要的伤害，受到良好的照顾，呈现出它的自然状态，生活环境也是舒适干净等。

目前在生物医学研究中，为了使实验动物受到公正对待，一般认同“3R”原则，即替代（Replacement）原则、减少（Reduction）原则、优化（Refinement）原则。这不失为在动物实验不可被替代时有限地保护实验动物的手段。

（三）对其他研究对象的保护

其他研究对象主要是指非生命研究对象，包括自然科学研究中的山河、湖泊、矿产资源；社会科学研究中的文物、历史遗迹、传承文化。我们对任何研究对象都有保护的责任与义务。特别是有的研究对象极其宝贵且唯一，有很高的文化和科学价值，一旦被毁坏将无法修复。在中华人民共和国成立初期，发生了一场考古悲剧：考古队在挖掘明定陵时，由于经验欠缺，没有意识到定陵地宫处于低氧状态，一旦将地宫门打开，大量的氧气涌入会造成大量文物的氧化。最终，考古行为导致大量珍贵字画、丝织品瞬间氧化，其损失无法估量。这警示我们，科学研究必须谨慎处理研究、开发和保护的关系，首先做好保护工作。

目前，中国针对文物资源、化石、非物质文化遗产的保护均出台了专门的规范性文件。以针对文物资源的保护为例，中国制定了《中华人民共和国文物保护法》《文物保护法实施条例》；各省市制定了地方文物保护的法规文件。

二、科研成果撰写和发表中的伦理

（一）伪造、剽窃和篡改

在研究过程中，有的人认为实验工作才是研究的主体，但论文撰写和实验工作同等重要，科研成果撰写和发表中的伦理是科研伦理的重要组成部分。

论文撰写过程中存在几种学术不端行为，如伪造、剽窃、篡改。剽窃是指直接将他人论文中的观点、思想、数据等放入自己的文章中，且没有加引注和说明，以自己的名义直接发表；伪造是指编造或虚构数据与事实；篡改是指改变数据和事实，使其失真。

（二）署名

在科研成果中，署名代表着分享荣誉，也意味着承担责任。当今时代的科学研究已超越“手工作坊”式的单打独斗，一项科学研究常常由多人组队一起完成。如人类基因组测序，调动了全球各国的科研人员、学术团队。合作研究中，谁有资格署名？不同作者的排名该如何安排？

学术圈内广受诟病的问题是不具备署名资格的人在研究成果中署名，这多是出于各种利益关系或者其他关系的考虑。团体挂名、借“光”挂名、相互挂名、回报挂名也常常出现。另一种现象是“遗漏”，即本来应该具有署名权的人却没有在作者名单内，被隐瞒、忽视、否认了其做出的贡献。

导师是否应该在所指导学生的论文中署名？一般导师在学生确定方向、凝练思路、开展研究、撰写论文时给予一定的指导，因此可以认为对研究成果做出了贡献。但是这些贡献是否达到了可以署名的程度，还需要视具体情况而定，不能笼统地全部署名。另外，学生也不应将导师的指导视为理所当然，否定、弱化、矮化导师的贡献。

除署名资格外，论文作者的排名也常常引起争议。一项研究成果如果从头到尾都是一个人单独完成的，那他理所应当是研究成果的唯一作者。但是，现在的科学研究大部分由团队合作完成，作者的排名愈加复杂。一篇论文中的作者排名主要是根据本人对此篇文章的贡献大小来完成，有些学科的论文排名则是按照字母排列顺序来进行。从实际来看，外界很难根据对论文贡献大小来排列每个人的排名先后顺序。因此，比较合理的一种处理方式是在进行一篇论文合作的开始，科研者们便商量好排名顺序，进而来分配任务量，避免纠纷。

但是，在实际操作中，各种非客观的因素也影响到作者排名。就算是确切的作者排名，也不容易反映出每个人的实际贡献。为了解决这个问题，一些期刊引入了贡献者身份模式，具体将每个作者的具体贡献梳理出来，这种模式不仅肯定了每一位作者的工作，也有利于核定各自的责任。

（三）投稿与发表

关于投稿与发表，一般期刊都有自己的投稿须知，有具体的投稿要求。在投稿和发表中，以下做法会受到批评甚至被认为是不端行为。

1. 一稿多投和重复发表

一稿多投指同一篇稿子投递了多家期刊，本来只应该发表一次的稿子却发表了多次。一稿多投的行为在著作出版或论文发表中都是被明确禁止的。除了一些特殊情况，如作者已经从期刊编辑那得到有关稿件撤回的书面认可，才能再次将稿子投递给其他期刊。重复发表则指大量重复发表自己已经发表过的文献中的内容，有时又被称为自我剽窃。

2. 拆分发表

拆分发表又叫腊肠式发表，是指为了增加论文篇数，将本来可以一次发表的内容故意拆成多篇论文发表。

从期刊和编辑角度来看，无论是一稿多投、重复发表，还是拆分发表，性质都是很恶劣的，因为都浪费了有限的发表资源，也影响期刊的声誉。对读者来说，这些行为也加大了他们检索和获取信息的成本。

（四）师生关系与导师责任

1. 师生关系

师生关系与其他的人际关系相比，有明显的特点。第一，尊重与相互信任是和谐的师生关系的必要成分。第二，由于在学校几年的科研学习中，导师更多的是示范和传授自己科研时的方法，因此师生不论是在工作和学术研究上，还是在道德品质上都会形成一脉相承的影响，并且这种影响会贯穿学生的一生。因此，师生关系是人类最为重要的社会关系之一，社会给予了老师非常高的道德期望和标准，老师们不仅要用自己渊博的知识去培育学生，还要用自己高尚的道德人格去熏陶学生。

良好的师生关系离不开导师和学生的相互信任和尊重。导师对学生的尊重，体现在负责任的指导、以开放和平等的心态对待学生等方面。由于在现代的科研活动中，导师除培养学生外，还有繁重的科研任务、大量的学术交流活动和科研辅助事务，在这种背景下，学生主动联系导师以获取导师更多的指导机会是非常有必要的。虽然在师生关系中，学生一般处于被动地位，但学生积极主动和导师建立良好的关系是师生关系的关键，不能完全被动地等导师来联系自己。

为了发展健康的师生关系，不能只从导师层面来强调导师的学术职业操守、道德原则或导师培养创新人才的意识，还需要一些制度方面的帮助，如由学校、研究机构统筹多种资源，包括政府财政拨款、学校专项资金、导师配套经费及社会捐助资金等，构筑更加合理的研究生奖励与资助体系。

2. 导师责任

首先，导师必须帮助学生避免学术不端的行为。导师有责任让学生准确、全面地理解剽窃、篡改、伪造等科研不端行为的具体含义。在告知学生如何避免这类行为，以及向学生介绍本学科文献引证的规范等方面时，导师发挥着核心作用。

其次，导师有责任认真监督并且仔细审查学生的工作，以此避免不必要的错误或者科研不端行为。导师应该做到定期与学生谈论研究工作、实时关注研究进展、确保学生在有条件和监督的情况下进行实验研究、定期审查有关学生研究的各项数据资料来确保实验的正确进行，并且检查是否承认了他人已做出的贡献。很重要的一点，导师要帮助学生保护相关内容，避免学生的科研工作被认为是科研不端。上述责任中的内容可以委派给他人来执行，但最终责任是由导师来承担。

最后，导师必须避免自身有学术不端的行为，如因科研能力、利益关系等主观因素对学生有所偏向；对学生故意隐瞒研究信息，使他们无法接触到研究资源；不尊重学生的研究成果，不承认学生已做出的贡献等各种手段去将本属于学生自己的观点、实验结果占为已有；不注重对学生科研能力的培养和锻炼，只是基于达到自己利益的目的给学生分配任务；挤压、挪用本应用于培养和指导工作的时间和精力。

三、科学研究的社会责任

本节从爱因斯坦、奥本海默与曼哈顿工程入手，引入科学研究的社会责任，然后从科学的利益相关性和不确定性两方面分析科研人员为什么要承担社会责任。最后，根据时代要求，论述当代科学研究的社会责任。

（一）爱因斯坦、奥本海默与曼哈顿工程

“二战”中，德国开始研究原子弹。美国总统罗斯福为了赶在德国前面，秘密决定进行研究原子弹的曼哈顿工程，任命著名科学家奥本海默为曼哈顿工程的主要负责人。经过长时间的艰苦工作，美国终于首先研发成功原子弹，奥本海默所领导的整个团队完成了这项前所未有的科学奇迹。这不仅验证了科学技术的威力，还为自己带来了巨大荣誉，也被后人称为“原子弹之父”。

面对成功和荣誉，奥本海默的内心充满了苦涩。不仅是奥本海默，大量参加了曼哈顿工程的科研人员都感到不安与自责，开始反思科学工作所应该承担的社会责任。

曼哈顿工程是 20 世纪大科学工程的经典案例，它不仅体现了反法西斯战争中科研人员的社会责任意识，由它带给科研人员的困惑也有益于当代科研人员去思考如何更好地将科研工作与社会责任相结合。在 1957 年举行的帕格沃什科学和世界事务会议上，与会代表一致认为，科研人员除自身工作外，最重要的责任是通过向公众宣传科学的破坏性与建设性两个方面，或者利用科学帮助制定国家政策的机会来发挥作用，尽力去阻止战争，从而帮助人类建立一种永久而普遍的和平。

（二）科学的利益相关性和不确定性

从理论上说，当科研人员成为社会职业角色之后，他的社会责任就应该开始

显现，关于社会责任，其中有两个因素至关重要，一是科学的利益相关性问题，二是科学的不确定性问题。这两个因素成为“科研人员的社会责任”的重要问题。

1．科学蕴含的价值及其利益相关性

最开始人类的科学活动更多层面上是受到好奇心的驱动，随着科学社会的不断发展，其他的各种社会因素、利益和价值取向明显地出现在科研活动的研究中。从动机来看，科研活动是人类为了满足其种种需求所进行的一种活动，不同的科研活动的背后是不同的价值观的支撑。从科研过程来说，虽然科研活动是客观的，但科学总会受到人类的认识能力和历史因素局限的影响，让各种主观的想法渗透到科研活动中。

这些情况深刻地影响着科研活动的过程和科研人员的行为特征。一个完整的科学研究活动，包括从提出问题、问题的确立、课题的选择、实验的进行、科学假说的提出、理论的形成、理论成果的应用等环节，都承载着一个社会主观的价值观念。所有这一切表明，科学是一种社会建构，现代科研活动的基本目的是社会价值目标的实现。

科学活动从最开始的求知和好奇心转变为应用和现实利益导向，在这个转变中，所涉及的相关利益者也越来越多，从政府或者企业投资、控制了科研活动后，科研成为一种社会活动，科研人员已经失去了一定程度的自主独立性，其中存在比较大的问题就是在他们之间的利益冲突。无论是同一个科研项目中有关人员的利益分配，还是在个人利益与社会利益中的抉择，都是现代科学研究的社会责任中的重要问题。

2．科学的不确定性

科学的不确定性是因为科学认识对象的复杂性以及主体认识能力的局限性。第一方面，世界是无限发展着的，是偶然与必然的结合。认识对象的复杂性就是科学的不确定性的最基本的来源。第二方面就是主体认识能力的局限性，人类的认识具有主观性，人类对世界的认识并不等于客观的世界，认识总是具体的、有限的。

在科学研究中，在简化的、受控制的实验室条件下产出的知识应用在复杂的现实条件中时，就可能会遇见特殊的状况，产生不确定性。即便是在确定性的领域中，随着事物的不断发展，也可能会出现不确定性。并且，当科学投入应用时，由于伦理、经济、社会影响和公众承受能力等问题的存在，不确定性问题会变得更加复杂。

科学技术风险的不确定性，使得人们在科研和成果中增加了预测和评估这一新的步骤，而因为科研人员掌握专业的科学知识，所以应当承担比一般公众更多的社会责任，对科研过程和即将应用的科学成果进行风险分析。

（三）当代科学研究的社会责任

在现代，科学研究已经成为一项社会事业的科学，在社会各领域中发挥着巨大的作用。人们对科学的期望越大，科研人员背负的责任就越重，并且随着时代的发展，科研人员所背负的社会责任被不断地添加新的内涵。

1999 年，联合国教育、科学及文化组织（UNESCO）和世界科学联盟发起并在匈牙利布达佩斯召开了世界科学大会，会议形成了两个核心文件，即《科学与利用科学知识宣言》和《科学议程——行动框架》。两个文件明确了 21 世纪科学工作面临的挑战和根本任务，以及科学的价值、科学的精神、科学的责任等内容。

1．关注科研过程及其应用的社会影响

在科研的过程中，科研人员应该负责地进行科学研究。在将科研成果应用于社会时，需要自觉地规避科学技术的负面影响，并且要承担科学成果评估的责任。由于科技是把“双刃剑”，科研人员比社会大众更能准确、全面的预测科研成果的应用前景。预测评估相关科研活动的正、负面影响是科研人员的责任。一旦发现科研活动的弊端或者危险，科研人员应该改变科研方向甚至是中断自己的研究。

2．承担科研人员职业角色的时代责任

因为现代科学的发展引领经济社会发展的未来，这就要求科研人员必须勇于承担自身的社会责任和义务。在当今时代，科技是第一生产力，科技发展越强，国家竞争力越强。这种背景下，科研人员应该积极服务于国家战略需求。2021 年 9 月召开了中央人才工作会议，会议强调要坚持“四个面向”，即面向世界科技前沿、面向经济主战场、面向国家重大需求、面向人民生命健康。同时，科研人员应积极参与政府决策，为公共政策提供客观的科学咨询和专业意见。科研人员还应以科学普及和科学教育为己任，用通俗易懂的语言将自身研究给公众解读，提高社会的科学素养。

3．为人类社会可持续发展承担伦理责任

由于现代科技的巨大能力，并且科技成果将应用于整个自然和社会系统，这个过程常常充斥着不确定性。如果不严谨，有可能会把人类和自然社会带到一个不可逆转的境地，这就要求科研人员将人文关怀精神和价值理性融于科学活动之中。需要科研人员把促进人类福利作为自身的目标，把公众的安全、健康和福利放在最高的位置。需要科研人员自觉遵守人类社会和环境的基本伦理，尊重生命和自然，促进可持续发展，对我们的子孙负责任。

第三节 科学研究伦理的区域差异

自 20 世纪 70 年代以来，世界各国不约而同地加大了对科研伦理的规范力度，通过规约科学技术的研究与应用方向，善用科学技术造福人类。其中，涉及科学研究伦理的审查机构主要是伦理委员会。学术界目前对伦理委员会仍无统一、明确的定义。根据 2005 年 10 月联合国教育、科学文化组织大会通过的《世界生物伦理与人权宣言》，伦理委员会的职能主要包括评估与涉及人的研究项目有关的伦理、法律、科学及社会问题；对医疗方面的伦理问题提出意见；评估科学技术的发展状况，对本宣言的有关问题提出建议，并协助制定有关的指导方针；促进生命伦理方面的讨论、教育以及宣传动员公众。

由于各国伦理委员会发展历程有较人差距，对科学研究伦理的审核尺度也就有松紧之别。科学研究伦理的区域差异由此凸显，给部分科学研究人员开展跨国科研、回避本国科学研究伦理审查提供了空间，进而造成一系列伦理倾销问题。

一、不同国家伦理委员会的发展历程

各国伦理审查机构的历史沿革有所不同。总体而言，主要发达国家的相关探索起步较早，领先优势明显。

（一）美国

美国是最早成立伦理委员会的国家。美国伦理委员会的建立是围绕不同方面的科技伦理问题逐渐完善形成的，形成了包含多个层次的伦理委员会体系。在美国职业伦理核心价值理念的指导下，美国政府以法律法规或政策指南等形式对科研人员的具体行为做出了规定，诸多非政府组织（美国国家科学院、美国国立卫生研究院等机构）也制定了自己的行为指南。1979 年，美国卫生、教育和福利局依据《纽伦堡法典》和《赫尔辛基宣言》中的伦理道德精神，发布了“保护参加科研的人体实验对象的道德原则和方针”。比如受试者可以自己选择在他们身上什么是可以发生的，什么是不可以发生的，而不是仅依据研究者的需求强加于受试者身上；科研人员和实验对象之间有明确的规定，科研人员要严格执行科研机构的行为指南或方案，对受试者的数据信息要保密，在收集受试者的材料之前要遵守知情同意和保护受试者免受研究风险的原则。随着科研不端行为被频频曝光，美国政府和科研机构开始进行积极的实践探索。探索的成果之一是形成了层级分明的监管机制，最高层是由美国参议院和众议院设立的专门性管理机构，中间层是为应对科研不端而专门成立的监管机构，基层则由大学、研究机构、医院、专业学会、协会等组成的基层监管机制。

（二）韩国

韩国对科学研究不端行为的治理发端于生命医学领域。1980 年，韩国医科大学首次开设医学伦理课程，其他大学紧跟其后。但是，韩国当时并没有设置相关的检举和审查机构，也没有颁布法律法规，直到“黄禹锡事件”爆发。2005 年，著名科研人员黄禹锡的论文数据属于故意伪造，并且存在违背伦理道德的行为，韩国政府决定取消其“韩国最高科研人员”的称号，免除一切职务。“黄禹锡事件”成为韩国科研诚信系统建设的转折点，促使韩国于 2005 年正式实施《生命伦理法》，这是韩国第一部对胚胎干细胞和体外受精研究进行规范的法律。2007 年，韩国教育部发布《科研伦理保障准则》；2015 年，韩国教育部对其中“科研不端行为的范围”进行了修订，除了发布与完善相关法案与规范，韩国教育部和韩国研究基金会还共同成立了韩国大学科研伦理委员会。通过十几年努力，韩国的科学研究伦理建设已经小有成就。

（三）加拿大

加拿大在实践中建构了双向管控、内外联动的监管机制：一方面，积极依托权威行会组织进行上位督导和外部规范，以确保高校科研管理的科学性和合规性；另一方面，努力发挥高校内部自治管理机构的自觉审查和约束职能，以提升高校自主管理的程序性和效益性。加拿大卫生部设立研究伦理委员会，行使伦理审查职能。加拿大伦理委员会监管机构分两类，即国家人类研究伦理委员会和加拿大研究论伦理委员会协会，另有机构间伦理研究咨询小组。

（四）其他发达国家

2007 年，英国卫生部成立了“全国伦理研究服务体系”，专门负责伦理审查的机构称为“地区伦理委员会”。2004 年，瑞典在全国范围内出台新的法规，主要涵盖实施临床试验的各方面，此外还修订了“伦理审查法案”，确立了一个独立的中央伦理审查机构及六个地方伦理审查机构。澳大利亚的伦理审查机构是人类研究伦理委员会，负责各机构涉及人类研究的伦理审查。

（五）中国

自改革开放以来，科技创新成为推动中国社会发展的强大动力，随之带来诸多伦理问题。《中国科学院关于科学理念的宣言　关于加强科研行为规范建设的意见》指出，科学技术在为人类创造巨大物质和精神财富的同时，也可能给社会带来负面影响，并挑战人类社会长期形成的社会伦理，科学工作者必须更加自觉地遵守人类社会和生态的基本伦理，珍惜与尊重自然和生命，尊重人的价值和尊严，同时为构建和发展适应时代特征的科学伦理做出贡献；应当从社会、伦理和法律的层面规范科学行为，并努力为公众全面、正确地理解科学做出贡献。同年，中国科学技术协会发布《科技工作者科学道德规范（试行）》，规定了十三条学术道德规范。该规范特别强调，尊重研究对象（包括人类和非人类研究对象）；在涉及人体的研究中，必须保护受试人合法权益和个人隐私并保障知情同意权。这指明了科学研究伦理审查工作的必要性，也彰显了中国科技队伍开展伦理审查的自觉性。

中国科学研究伦理审查工作是一个循序渐进的有机系统，其一要建立综合性的伦理审查基本法律、条例与实施细则，提高伦理审查工作的合法性和影响力。其二要明确伦理委员会建设资格和伦理审查的基本步骤，形成权威性的伦理审查组织和标准化的操作规程。其三要密切联系科研工作实际，实现伦理审查工作"本土化"。2020 年 10 月，作为不断深化科技体制改革、进一步改善创新生态的一项进展，中国成立了国家科技伦理委员会，推动覆盖全面、导向正确、规范有序、统筹协调的科技伦理治理体系建设。

二、伦理倾销

各国纷纷成立伦理委员会，保护本国弱势群体。它们的成功有以下三个先决条件：具有处理伦理应用问题的能力、资源和独立性、识别复杂环境中的文化敏感的道德问题以及强有力的执行机制。尽管各国伦理委员会做出了巨大努力，但不幸的是，并非所有国家都能够满足这些条件，拥有足够的社会资源建立伦理委员会，而伦理学委员会也往往难以将自身的执行力扩展到广阔的欠发达国家和社会的每一个区域。由此，就给伦理倾销留下了空间。随着科学研究全球化高度发展，"伦理倾销"问题越来越普遍。

（一）"伦理倾销"的界定

"伦理倾销"（Ethics dumping）于 2013 年由欧盟提出，指在伦理原则执行严格的国家接受了良好训练的科研人员，为了绕开监管，选择在伦理原则执行较为宽松的国家开展研究的行为。它常常发生在两个领域：①在发达国家被禁止的研究被转移到欠发达国家开展，受试者受到有意剥削；②研究者本身的伦理意识缺失，或者开展研究的国家治理能力低下。

"伦理倾销"概念的提出，为理解和界定科学研究伦理违规事件开辟了一个新的视角，许多以前难以被认定，但是带来了明显不公、并给他人成严重损害的科研失当行为，可以由此被清晰地刻画出来。

（二）“伦理倾销”的治理案例

各国具体国情和经济发展的不同，各类团体和机构组织间力量差异较大，社会环境的多元性和复杂性要充分考虑，这种发展的多样性和参差性正是造成科学研究伦理倾销的主要原因。普遍安全才是真正的安全，当前世界处于全球化时代，在应对伦理倾销的治理中，各国政府的积极行动与合作、多元主体间的对话和协商都是非常必要的，应秉持互惠、尊重、平等、关怀等原则，通力合作以做好这项工作。

完善地域（国际）间的“伦理倾销”治理工作，首要的是增强各国对互惠互利、通力合作的正确认识。国家或地区间的合作应该不分大小、贫富、种族等，一律遵循平等、互利、民主、自愿的原则，明确反对大国沙文主义、权威主义甚至霸权主义，并将这些原则纳入科研合作伦理中，建立一个重视人权的法律框架。

课后思考题

1. 科学研究伦理经历了怎样的历史演变？
2. 科研工作者应当恪守什么样的伦理守则？
3. 科学研究的社会责任是什么？
4. 不同国家科学研究的伦理要求差别有哪些？

【延伸阅读】

中国伦理学会科技伦理专业委员会在大连理工大学成立

以习近平同志为核心的党中央高度重视科技伦理建设工作。习近平总书记主持召开的中央全面深化改革委员会第九次会议明确指出，科技伦理是科技活动必须遵守的价值准则，要构建覆盖全面、导向明确、规范有序、协调一致的科技伦理治理体系，抓紧完善制度规范，健全治理机制，强化伦理监管，细化相关法律法规和伦理审查规则，规范各类科学研究活动。为贯彻落实习近平总书记系列重要讲话精神，加强科技伦理学术组织建设，推动科技伦理的研究，中国伦理学会决定成立科技伦理专业委员会。

中国伦理学会科技伦理专业委员会成立大会暨第一届全国科技伦理论坛于 2021 年 7 月 18 日在大连理工大学隆重举行。中国伦理学会会长、清华大学资深教授万俊人在成立大会上致辞。他表示，中国伦理学会科技伦理专业委员会的成立，是中国伦理学会的一件大事，也是我国科技伦理学界的一件喜事。万俊人指出，科技伦理是科技创新健康发展不可或缺的条件，党和国家高度重视科技伦理的研究和治理。中国伦理学会成立科技伦理专业委员会，是落实党和国家要求加强科技伦理研究和治理的重要举措。万俊人对科技伦理专业委员会提出了希望。第一，遵守中国伦理学会章程，加强专业委员会的组织建设；第二，密切关注科技前沿，加强科技伦理理论研究和智库咨询工作，做出有学理的、可理解的、可应用的科技伦理方案；第三，加强与政府、科技界、企业的合作和对话，加强国际学术交流，提升我国科技伦理国际话语权。

参考文献

[1] 罗国杰. 伦理学[M]. 北京：人民出版社，1989.

[2] 西季威克. 伦理学方法[M]. 廖申白，译. 北京：中国社会科学出版社，1993.

[3] 罗尔斯. 正义论[M]. 何怀宏等，译. 北京：中国社会科学出版社，2003.

[4] 何怀宏. 伦理学是什么[M]. 北京：北京大学出版社，2002.

[5] 许嘉璐. 孝经[M]. 北京：人民出版社，2019.

[6] 道德经[M]. 北京：人民出版社，2022.

[7] 庄子[M]. 上海：上海译文出版社有限公司，2021.

[8] 冯友兰. 三松堂全集[M]. 郑州：河南人民出版社，1986.

[9] 蔡元培. 中国伦理学史[M]. 北京：北京大学出版社，2009.

[10] 康德. 实践理性批判[M]. 邓晓芒，译. 北京：商务印书馆，1999.

[11] 泡尔生. 伦理学原理[M]. 蔡元培，译. 天津：天津人民出版社，2017.

[12] 休·拉福莱特. 伦理学理论[M]. 龚群，译. 北京：中国人民大学出版社，2008.

[13] 杨明. 守好科技伦理底线[N]. 人民日报，2020-08-10.

[14] 江畅. 如何治理科技发展中的伦理问题[N]. 人民日报，2020-07-15.

[15] 于丽. 生态文明视域下理工科院校加强科技伦理教育的当代价值[J]. 思想政治教育研究，2015（5）.

[16] C. P. 斯诺. 两种文化[M]. 纪树立，译. 上海：三联书店，1994.

[17] 陈彬. 科技伦理问题的研究[M]. 北京：中国社会科学出版社，2014.

[18] 涂可国，杨冬. 重建天人观：生态伦理研究[M]. 北京：中国社会科学出版社，2020.

[19] 龙静云. 从新冠肺炎疫情看生态道德建设[M]. 光明日报，2020-02-17.

[20] 杨伯峻. 孟子译注[M]. 北京：中华书局，2010.

[21] （清）王先谦. 荀子集解[M]. 沈啸寰，王星贤整理. 北京：中华书局，2012.

[22] 杨伯峻. 论语译注. [M]. 北京：中华书局，2009.

[23] （魏）王弼. 老子道德经注[M]. 楼宇烈，校释. 北京：中华书局，2011.

[24] （晋）郭象注，（唐）成玄英疏. 庄子注疏[M]. 北京：中华书局，2011.

[25] 习近平. 关于社会主义生态文明建设论述摘编[M]. 北京：中央文献出版社，2017.

[26] 徐迅雷. 生态文明与生态伦理[N]. 中国环境报，2007-10-31.

[27] 党的十九大报告辅导读本[M]. 北京：人民出版社，2017.

[28] 江国华. 法治的伦理法则[N]. 光明日报，2006-08-07

[29] 温克勤. 中国伦理思想简史[M]. 北京：社会科学文献出版社，2013.

[30] 王天一 . 人工智能革命：历史、当下与未来[M]. 北京：时代华文书局，2017.

[31] 彼得・科斯洛夫斯基. 伦理经济学基本原理[M]. 孙瑜译. 北京：中国社会科学出版社，1997.

[32] 龚天平. 经济伦理：价值原则与实现机制[M]. 北京：中国社会科学出版社，2019.

[33] 王小锡. 现代经济伦理学初探[J]. 社会科学，1995（7）.

[34] 霍尔斯特・施泰因曼、阿尔伯特・勒尔. 企业伦理学基础[M]. 上海：上海社会科学院出版社，2001.

[35] 周辅成. 西方伦理学名著选辑（下卷）[M]. 北京：商务印书馆，1987.

[36] 约翰・密尔. 功用主义[M]. 唐钺，译. 北京：商务印书馆，1957.

[37] 霍布豪斯. 自由主义[M]. 朱曾汶，译. 北京：商务印书馆，1996.

[38] 习近平. 习近平谈治国理政第二卷[M]. 北京：外文出版社，2017.

[39] 邓安庆. 道义论伦理学谱系考[J]. 伦理学研究，2021（7）.

[40] 康德. 实践理性批判[M]. 关文运，译. 北京：商务印书馆，1960.

[41] 亚当・斯密. 国富论[M]. 唐日松，译. 北京：华夏出版社，2004.

[42] 保罗・萨缪尔森，诺德豪斯. 微观经济学[M]. 萧琛，译. 北京：人民邮电出版社，2008.

[43] Kant. The Metaphysics of Morals[M]. Cambridge：Cambridge University Press，1991.

[44] 康德. 道德形而上学原理[M]. 上海：上海人民出版社，2005.

[45] 马克思，恩格斯. 马克思恩格斯全集（第 40 卷）[M]. 北京：人民出版社，1998.

[46] P. 普拉利. 商业伦理[M]. 洪成文译. 北京：中信出版社，1999.

[47] 王海明. 伦理学原理[M]. 北京：北京大学出版社，2009.

[48] 李士金. 朱熹关于“存天理、灭人欲”的哲学思考[J]. 山东师范大学学报（人文社科版），2004（5）.

[49] 周中之，高慧珠. 经济伦理学[M]. 上海：华东师范大学出版社，2014.

[50] 苗力田，等. 亚里士多德选集：伦理学卷[M]. 北京：中国人民大学出版社，1999.

[51] 恩格斯. 自然辩证法 [M]. 中共中央编译局，译. 北京：人民出版社，2018.

[52] 弗雷德里克·皮耶鲁齐，马修·阿伦. 美国陷阱[M]. 北京：中信出版社，2019.

[53] 罗伯特·默顿. 科学发现的优先权[J]. 美国社会学评论，1957（6）.

[54] 袁珩，刘润生. 科学研究与社会责任——科研伦理问题面面观[N]. 光明日报，2020-02-13.

[55] 新华社. 习近平出席中央人才工作会议并发表重要讲话[EB/OL]. http：//www. gov. cn/xinwen/2021-09/28/content_5639868. htm？jump=true，2021-09-28.

[56] 联合国教科文组织. 世界生物伦理与人权宣言[EB/OL]. http：//www. moe. gov. cn/srcsite/A23/jkwzz_other/200510/t20051019_81410. html，2005-10-19.

[57] 中国科学院. 关于科学理念的宣言[J]. 中国科技期刊研究，2007，18（2）.

[58] 刘英，张玉萍. 我国少数民族传统文化中的生态伦理思想及其现代启示[J]. 理论与改革. 2013（2）.

[59] 孙自法. 中国已成立国家科技伦理委员会[EB/OL]. https：//www.chinanews.com.cn/gn/2020/10-21/9319022. shtml，2020-10-21.

[60] 韩扬眉. 无治理则无伦理　中国科技伦理问题如何治？[N]. 中国科学报，2021-10-19.

后　记

钱穆先生在《改革大学制度议》中提出，如果在大学伊始便各选其科，各受其学，会造成“各筑垣墙，各为疆境”，其结果是误导学生“治文学者可以不修历史，治历史者可以不知哲学，治哲学者可以不问政治”。大学本科教育若缺乏通识理念、博雅精神和人文情怀，是无法达到立德树人的培养目标的。

经过近两年的编写工作，这本通识教育读本《伦理与生活》终于得以面对读者。在本书的写作过程中，那些难以抑制的喜悦，来自在论述中不断拓展现有知识、发现更好的案例、找到更准确的表述、将语言修改得更为有趣易读的时刻。而那些无法继续深入阐述问题的焦躁，来自编写之初的美好期许在写作中难以更好的呈现的时刻。无论本书呈现出一种怎样的形态，都凝聚了编写组全体成员的努力与付出。希望本书始终推崇的独立思考和深入反省的精神，可以促进读者进一步探索求真。本书的所有观点只为助推读者探寻真相，获得理论真知。

在此感谢各位老师的大力支持，犹记得大家在编书之时的热情澎湃、认真努力。感谢米娜老师参与撰写科技伦理这一章，反复甄选案例，以求能够最精准地凸显科技发展中的伦理诉求，希望科技工作者在追求科技成果的路上勿要忘记最本真的伦理规范，让科技能够更多地造福人类。感谢陈晟老师参与撰写医学伦理这一章，一直秉持通识教育的初衷，用通俗易懂的阐述将医学伦理的规范与要求融合在实例之中。感谢王海容老师撰写生态伦理这一章，带着对绿色生态的美好期许，坚持人与自然和谐共生，倡导尊重自然、顺应自然、保护自然。感谢王泽霞与我一起撰写法治伦理这一章，以案例探讨推进理论阐释。法治与德治相辅相成，维护社会的公平正义，守护我们内心的伦理法则。感谢王中碧老师参与撰写经济伦理这一章，从宏观、中观、微观三个层面，透彻而完整地叙述了在经济领域内国家、企业、个人的伦理遵循，让我们懂得个人的私利须与社会的公共利益同向同行，方能使经济发展更加和谐。感谢刘伟明老师撰写科学研究伦理的这一章，刘老师长期科研积累的深刻认知，使得本章的论述有理有据，扎实的知识与理论基础让论述视野宽广，文笔流畅，一气呵成，读来愉悦不已。本人也尽心尽力的撰写了伦理学导论和媒介伦理这两章，同时参与了第二章、第三章、第五章、第七章的撰写和修改，并完成本书的统稿工作。

尽管不断地修改完善，但深知本书还有诸多欠缺。特别是伦理学导论部分的撰写，鉴于伦理学的古老而悠久和博大精深，想在短短的一章中阐述清楚，让不同专业、不同基础的读者迅速进入伦理场景，开启伦理学的通识学习，实属不易。

本书重要的校订工作有我的硕士生王泽霞参与，再次对王泽霞的认真、严谨、高效表示衷心感谢！

此外，在本书编写的过程中，我们也借鉴了诸多专家学者的思想观点，在此一并表示感谢。我们也深知作为通识教育读本，也许应该阐述得更有趣些，也应该更符合大众诉求，但在有限的能力下，本书还是留下了许多的不足与遗憾，真诚地希望广大读者多提宝贵意见，以便再次出版时能够完善。

刘　英

2023 年 3 月 12 日于西华苑